BIM建模实操教程

主　编　周　艳　曹　稹
副主编　邓秋菊　周海娜
参　编　曹东煜　吴少平

北京理工大学出版社
BEIJING INSTITUTE OF TECHNOLOGY PRESS

内 容 提 要

本书依据建筑信息模型技术员国家职业技能标准、"1+X"建筑信息模型（BIM）职业技能等级标准，结合相关专业教学标准和相关课程标准要求编写完成。全书共分为三个模块：初识 Revit 软件、Revit 软件建筑建模、族和体量。具体内容按照学习者的认知规律和岗位建模流程顺序编排：Revit 软件介绍，Revit 软件界面介绍，Revit 软件基本操作，标高与轴网的创建与编辑，墙体的创建与编辑，门窗、楼板的绘制与编辑，楼梯（栏杆）的绘制与编辑，屋顶的绘制与编辑，散水、台阶、坡道的绘制与编辑，场地布置，渲染与漫游，明细表，施工图出图与输出，族的创建与编辑，体量的创建与编辑。

本书可作为高等院校 BIM 建模课程的教学用书，也可作为职业技能培训教材或供从事建筑行业设计、施工、管理工作的技术人员参考使用。

图书在版编目（CIP）数据

BIM 建模实操教程 / 周艳，曹積主编 .-- 北京：北京理工大学出版社，2023.10

ISBN 978-7-5763-3003-8

Ⅰ.①B… Ⅱ.①周… ②曹… Ⅲ.①建筑设计—计算机辅助设计—应用软件—教材 Ⅳ.① TU201.4

中国国家版本馆 CIP 数据核字 (2023) 第 202716 号

责任编辑： 多海鹏	**文案编辑：** 多海鹏
责任校对： 周瑞红	**责任印制：** 王美丽

出版发行 / 北京理工大学出版社有限责任公司

社　　址 / 北京市丰台区四合庄路 6 号

邮　　编 / 100070

电　　话 / (010) 68914026（教材售后服务热线）

　　　　　　(010) 68944437（课件资源服务热线）

网　　址 / http：//www.bitpress.com.cn

版 印 次 / 2023 年 10 月第 1 版第 1 次印刷

印　　刷 / 河北鑫彩博图印刷有限公司

开　　本 / 787 mm × 1092 mm　1/16

印　　张 / 16.5

字　　数 / 390 千字

定　　价 / 89.00 元

前　言

为积极响应教育部推出的职业教育改革"1+X"证书制度，培养学生 BIM 技术应用职业能力，实现职业技能等级证书制度下的课证融通，我们编写了此实操教材。本书的编写遵循实操性强、可读性强、职业性强的理念，内容编排凸显案例化教学和任务化教学，学习任务明确，可操作性强。本书引入大量历届考证真题作为课堂练习，引入企业学徒制岗位任务，体现职业性特点。每个知识点和技能点都配有视频讲解，可读性强。

全书内容以课堂案例为主线，通过对各案例实际操作的讲解，读者可以快速上手，熟悉软件功能与建模思路。同时引入大量的考证试题课堂练习讲解，拓展和强化学员建模能力，提升软件使用技巧。课后习题和岗位任务可以检验读者的实战水平。本书编写体例新颖，贴近岗位实践，体现了能力培养的实用性、素质培养的拓展性、教材资源的融媒体化特点。

本书由广东建设职业技术学院周艳、曹稹担任主编，由广东建设职业技术学院邓秋菊、周海娜担任副主编，江苏城乡建设职业学院曹东煜、中天华南建设投资集团有限公司吴少平参与编写。全书由周艳总体策划、构思并负责统编定稿，曹东煜负责文稿校对；吴少平提供企业岗位任务资料及对企业课堂、实训课程进行教学指导。本书的参考学时为 64 学时，各模块的参考学时参见下面的学时分配建议表。

学时分配建议

模块	工作任务	学时建议	编者分工
模块 1 初识 Revit 软件	任务 1　Revit 软件介绍	0.5 学时	周艳
	任务 2　Revit 软件界面介绍	2 学时	周艳
	任务 3　Revit 软件基本操作	1.5 学时	周艳
模块 2 Revit 软件建筑建模	任务 1　标高与轴网的创建与编辑	8 学时	周艳
	任务 2　墙体的创建与编辑	6 学时	周艳
	任务 3　门窗、楼板的绘制与编辑	4 学时	曹稹
	任务 4　楼梯（栏杆）的绘制与编辑	8 学时	曹稹
	任务 5　屋顶的绘制与编辑	8 学时	曹稹
	任务 6　散水、台阶、坡道的绘制与编辑	2 学时	曹稹
	任务 7　场地布置	2 学时	周海娜
	任务 8　渲染与漫游	2 学时	周海娜
	任务 9　明细表	2 学时	周海娜
	任务 10　施工图出图与输出	2 学时	周海娜
模块 3 族和体量	任务 1　族的创建与编辑	8 学时	邓秋菊
	任务 2　体量的创建与编辑	8 学时	邓秋菊

由于编者的业务水平和教学经验有限，书中难免有不妥之处，恳请广大读者批评指正。

编　者

本书视频教学清单

目 录

模块 1

初识 Revit 软件

任务 1　Revit 软件介绍

学习目标

知识目标：

1. 了解 Revit 软件的版本及特点。
2. 了解 Revit 软件安装可能存在的问题。

能力目标：

1. 具备自主安装软件的能力。
2. 具备解决安装问题的能力。

素养目标：

1. 培养学生借助网络平台搜索、查询资料的能力。
2. 培养学生自主解决实际问题的能力。

任务指引

任务要求	能够成功安装 Revit 2020 版软件
任务准备	1. 了解软件安装对计算机配置的要求。 2. 了解软件的版本及特点

1

周虽旧邦，其命维新

"周虽旧邦，其命维新"出自《诗经·大雅·文王》。"文王在上，於昭于天。周虽旧邦，其命维新。有周不显，帝命不时。文王陟降，在帝左右。"

释义：周虽然是旧的邦国，但其使命在革新。

中华民族是富有创新精神的民族。我们的先人早就提出："周虽旧邦，其命维新。""天行健，君子以自强不息。""苟日新，日日新，又日新。"可以说，创新精神是中华民族最鲜明的禀赋。周虽然是旧的邦国，但其使命在革新。这一句看似简单的话语，却蕴含着丰富的辩证哲理，用于激励人们要革新求变，创新前进。

2018年12月18日，习近平在庆祝改革开放40周年大会上的讲话中引用"周虽旧邦，其命维新"，旨在强调创新精神是中华民族最鲜明的禀赋，变革开放、创新精神才是国家生生不息发展的推动力。

1.1 Revit 软件版本

Revit 软件是由 Autodesk 公司针对建筑行业开发的一款三维参数化 BIM（Building Information Modeling）设计软件。目前常用的版本有 2016 版 ~ 2022 版，Revit 软件有一个特点是高版本软件可以打开低版本文件，但低版本软件打不开高版本文件，且高版本软件不能保存为低版本文件，所以安装哪个版本，要根据具体需要来选择。如果是想考证，目前常用版本为 2016 版和 2018 版；如果是工作需要，要看公司和合作单位对版本的要求，以方便沟通；如果是学习，可以考虑用新版，因为新版的功能较齐全。本书以 2020 版进行讲解。

1.2 Revit 软件安装常见问题

问题一：Revit 2020 版安装完成之后没有正确的建筑样板。立面视图中的标高符号是蓝色圆圈，项目浏览器中的视图名称是英文，平面视图中的立面符号是方形。

原因：断网或网络不稳定环境下安装 Revit，导致缺失项目样板文件。

问题二：Revit 2020 版安装完成之后提示未载入某族，且找不到族库。

原因：Revit 安装界面中取消勾选"Autodesk Revit Content Librabries"或下载了没有自带族库的软件安装包。

解决办法：去网上搜索 Revit 2020 族样板、项目样板、族库文件夹 RVT 2020，将 RVT 2020 文件解压后，把整个文件夹复制到 C:\ProgramData\Autodesk 路径下，覆盖原文件夹中的 RVT 2020 文件夹即可。

说明：C 盘下的 ProgramData 文件夹为隐藏文件，需要在查看下勾选隐藏文件才可以看到，如图 1-1 所示。

图 1-1　ProgramData 文件位置

任务 2　Revit 软件界面介绍

知识目标：

1. 了解 Revit 软件工作界面的组成。

2. 了解各功能区的基本功能。

3. 掌握新文件的创建流程。

能力目标：

1. 具备设置软件工作界面的能力。

2. 具备正确创建文件和保存文件的能力。

素养目标：

1. 培养学生自主学习软件操作的能力。

2. 培养学生具有良好的模型标准意识、建模规范意识及严谨细致的工作态度。

任务指引

任务要求	1. 了解软件的界面组成和功能。 2. 掌握工作界面的设置。 3. 掌握文件的正确创建与保存。 4. 掌握视图的转换与显示
任务准备	1. 已完成软件安装。 2. 具备计算机基本操作技能

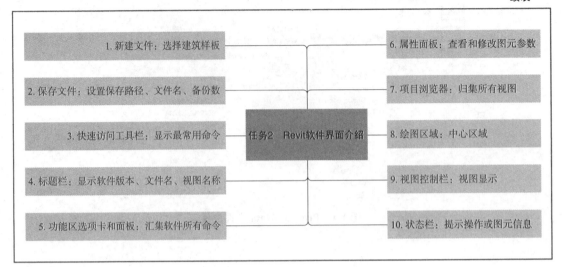

1. 新建文件：选择建筑样板
2. 保存文件：设置保存路径、文件名、备份数
3. 快速访问工具栏：显示最常用命令
4. 标题栏：显示软件版本、文件名、视图名称
5. 功能区选项卡和面板：汇集软件所有命令

任务2　Revit软件界面介绍

6. 属性面板：查看和修改图元参数
7. 项目浏览器：归集所有视图
8. 绘图区域：中心区域
9. 视图控制栏：视图显示
10. 状态栏：提示操作或图元信息

任务反馈

Revit 软件界面任务反馈表

序号	任务内容	完成情况	任务分值	评价得分
1	文件创建与保存		25	
2	绘图环境设置		25	
3	快速访问工具栏的调整		10	
4	功能选项卡的显示设置		15	
5	属性选项板及浏览器的设置		10	
6	视图的转换与显示		15	
合计			100	

思政元素

千里之行，始于足下

"千里之行，始于足下"出自老子的《道德经》第六十四章："合抱之木，生于毫末；九层之台，起于累土；千里之行，始于足下。"

释义：千里的远行，是从脚下第一步开始走出来的。

千里之行，始于足下，是我们干事创业的重要方法论。伟大的事业都要从一点一滴做起，积跬步至千里，积小胜为大胜，一步一个脚印开创美好未来。党的十八大以来，以习近平同志为核心的党中央团结、带领全党全国各族人民，锚定中华民族伟大复兴宏伟目标，脚踏实地、埋头苦干，坚决斗争、化危为机，攻克了一个个看似不可攻克的难关险阻，赢得了一场场大战、大考，推动实现中华民族伟大复兴进入了不可逆转的历史进程。

路虽远，行则将至；事虽难，做则必成。任何事情，没有捷径，唯有实干。

双击桌面图标 R 打开软件，首先看到的是图1-2所示的界面，从这里新建或打开项目和族文件。

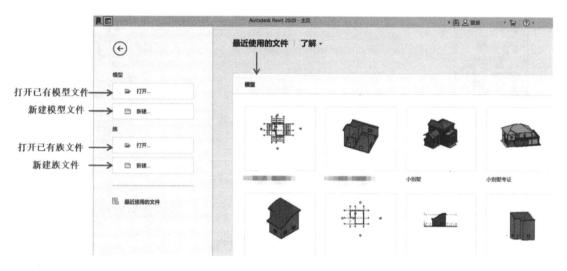

图1-2　软件初始界面

单击模型下的"新建"按钮，弹出"新建项目"对话框，选择"建筑样板"选项，点选新建"项目"单选项，创建一个新项目文件，单击"确定"按钮，如图1-3所示。

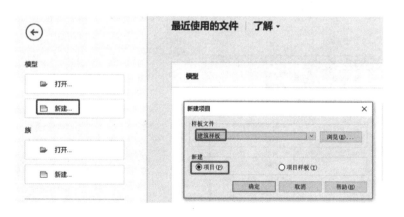

图1-3　新建项目

视频：初始界面介绍

说明：样板文件下拉菜单有"构造样板""建筑样板""结构样板""机械样板"4个样板。

不同样板文件中定义了不同项目初始参数，如标高样式、尺寸标注样式、线型线宽样式等。样板文件也可用户自定义，如果要定义样板文件，可以选择新建项目样板，进入Revit 2020工作界面，如图1-4所示。

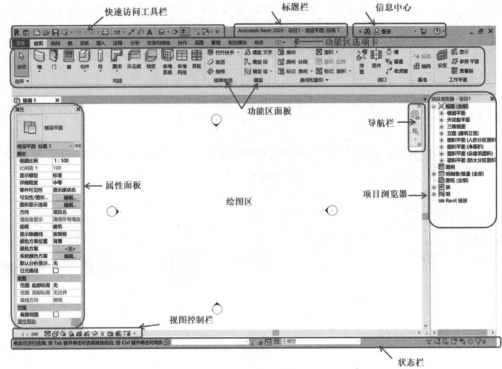

图 1-4　Revit 2020 工作界面

1. 快速访问工具栏

快速访问工具栏中显示常用的工具。单击右侧下拉箭头按钮，可以自定义快速访问工具栏，下拉菜单中各项打钩的工具就是快速访问工具栏对应的各项工具。单击工具前的"√"，可以取消在快速访问工具栏显示。一般快速访问工具栏都在工作界面的最上端，如果单击"在功能区下方显示"，可以调整工具栏的位置，如图 1-5 所示。

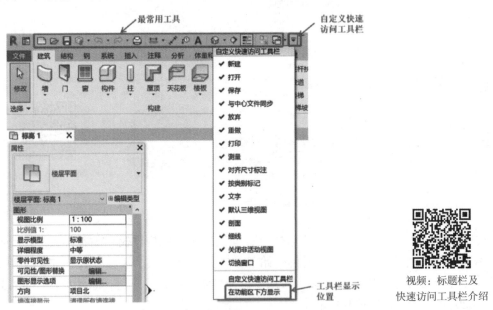

视频：标题栏及
快速访问工具栏介绍

图 1-5　快速访问工具栏设置

6

除下拉列表中的常用工具外，还可以添加其他工具到快速访问工具栏，将鼠标光标放在欲添加的工具图标上，单击鼠标右键，弹出"添加到快速访问工具栏"，再单击鼠标左键即可添加。

同样，也可以在快速访问工具栏中找到想要删除工具图标，单击鼠标右键，弹出"从快速访问工具栏中删除"，再单击鼠标左键即可删除。以楼梯工具展示，如图1-6所示。

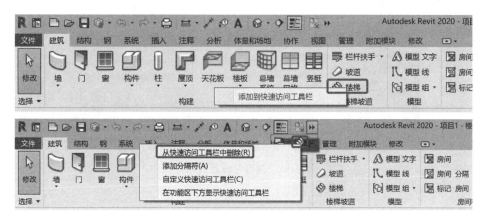

图1-6　快速访问工具栏添加和删除工具

2. 标题栏

标题栏显示了软件版本、项目名称和当前视图3项信息，如图1-7所示。

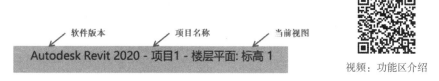

图1-7　标题栏

视频：功能区介绍

3. 文件选项卡

单击"文件"选项卡，下拉列表中有"新建""打开""保存""打印"等命令，一般需要设置修改的地方如下。

保存：保存界面中的保存路径要设置；注意项目文件后缀为 *.rvt，*.rte 是样板文件；选项里默认备份文件个数为20个，可修改为1～3个，如图1-8所示。

选项：选项设置里的"常规"选项，设置自动保存时间；"图形"选项，设置绘图区域背景颜色，如图1-9所示。

4. 功能区选项卡和面板

功能区包含创建项目和族所需的全部工具。选项卡将所有的工具进行分类整理，包含"建筑""结构""注释""管理""修改"等选项卡，每个选项卡下又包含多个不同面板，面板里归纳了各种工具。如绘制墙体工具就在"建筑"选项卡下的"构建"面板里，如图1-10所示。

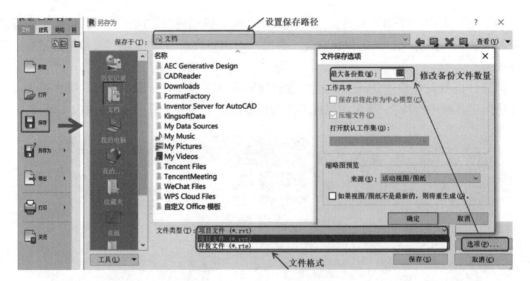

图 1-8 "保存"设置对话框

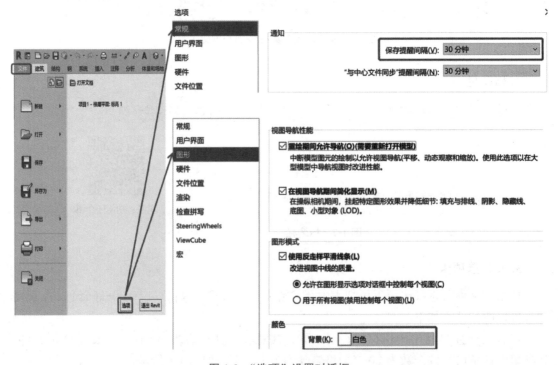

图 1-9 "选项"设置对话框

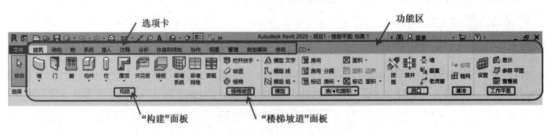

图 1-10 功能区选项卡和面板

功能区的显示有多种方式，单击选项卡右侧的向下箭头可以进行选择，也可以单击右侧向上的箭头进行轮流切换，如图 1-11 所示。

图 1-11 功能区显示切换

在选择图元或某些工具操作时，会出现与该操作相关的"上下文选项卡"，"上下文选项卡"里有对应的编辑修改工具，同时有的工具还会在面板下方出现对应选项栏，选项栏里需要设置一些选项。当完成操作退出该工具时，上下文选项卡和选项栏会关闭。如图 1-12 所示，在绘制建筑墙体时，会出现"修改 | 放置 墙"上下文选项卡及对应选项栏。

图 1-12 上下文选项卡及选项栏

5. 属性面板

通过"属性"面板，可以查看和修改图元的参数。在启动软件时，"属性"面板处于打开状态并固定在绘图区域左侧。"属性"面板包括"类型选择器""属性过滤器""编辑类型""实例属性" 4 个部分。

（1）"类型选择器"中标识当前选择的族类型，并提供一个可从中选择其他类型的下拉列表，如图 1-13 所示中的墙体类型。

（2）"属性过滤器"下拉列表可以查看特定类别或视图本身的属性。

（3）单击"编辑类型"会弹出"类型属性"对话框，对"类型属性"进行修改，将会影响该类型的所有图元。

（4）"实例属性"仅修改被选中的图元，不修改该类型的其他图元。

如果不小心关闭了"属性"面板，可以在绘图区域空白处单击鼠标右键，弹出如图 1-14 所示的快捷菜单，单击选择"属性"选项即可打开。

6. 项目浏览器面板

软件将模型文件中所有的楼层平面、天花板平面、三维视图、立面、明细表、图纸、族等全部视图分门别类放在"项目浏览器"中统一管理，双击视图名称即可打开该视图。选中某视图，单击鼠标右键即可找到复制、重命名、删除视图等常用命令，如图 1-15 所示。

如果不小心关闭了项目浏览器，与调出"属性"面板一样，可以在绘图区域空白处单击鼠标右键，弹出如图 1-16 所示的快捷菜单，单击选择"项目浏览器"即可打开。

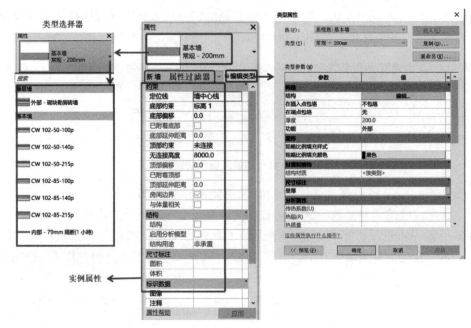

图 1-13 "属性"面板

图 1-14 勾选"属性"选项

视频：属性面板及浏览器介绍

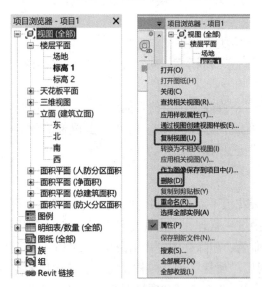

图 1-15 视图编辑

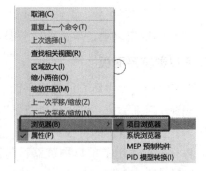

图 1-16 打开项目浏览

7. 绘图区域

绘图区域是软件进行建模操作的区域。绘图区域背景的默认颜色是白色，用户可在"选项"对话框中设置绘图区域的背景颜色。绘图区域有4个圆形立面符号，它是用来生成东、西、南、北4个立面的。一般将建筑放在4个立面标记范围之内，如图1-17所示。

用户可以同时打开多个视图，绘图区域上方会显示视图标签栏，将鼠标光标放置在某一标签栏上，会显示该视图名称，可以通过单击不同标签对视图进行切换，如图1-18所示。

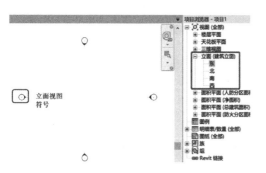

图1-17 立面符号

图1-18 标签栏

用户还可以通过"视图"选项卡"窗口"面板的"平铺视图"（快捷命令WT），将所有打开的窗口全部显示在绘图区域中，每个视图标签栏旁都有一个关闭该视图的按钮，如图1-19所示。

视频：视图控制栏和状态栏介绍

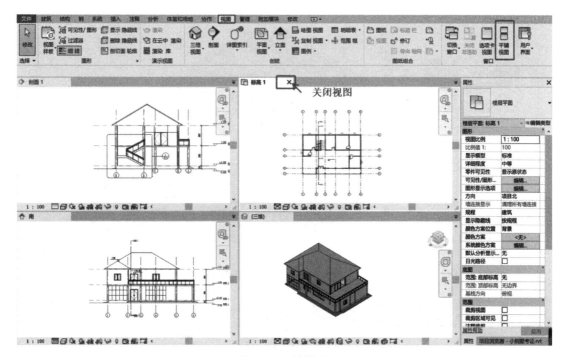

图1-19 平铺视图

8. 视图控制栏

视图控制栏位于绘图区域下方，单击视图控制栏中的相关按钮，即可设置视图的比例、详细程度、视觉样式、裁剪区域、隐藏/隔离等，如图 1-20 所示。

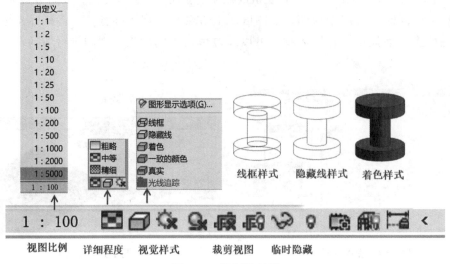

图 1-20　视图控制栏

9. 状态栏

状态栏位于工作界面的最下方。使用某一命令时，状态栏会提供有关的操作提示。鼠标光标停在某个图元或构件时，会使之高亮显示，同时，状态栏会显示该图元或构件的族及类型名称，如图 1-21 所示。

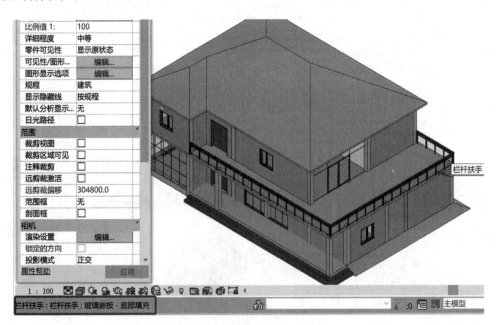

图 1-21　状态栏

任务3 Revit软件基本操作

学习目标

知识目标：

1. 了解鼠标三键使用功能。
2. 掌握常用删除、撤销等基本操作。
3. 掌握图元的选择方式。

能力目标：

1. 能够根据绘图需要快速选择图元。
2. 能够根据绘图需要调整视图。

素养目标：

1. 培养学生具有良好的工作习惯及严谨细致的工作态度。
2. 培养学生勇于创新的能力。

任务指引

任务要求	1. 掌握视图的放大、缩小、平移及全屏显示的操作。 2. 掌握图元选择的多种方式
任务准备	1. 了解鼠标三键的使用功能。 2. 了解图元的概念

任务反馈

序号	任务内容	完成情况	任务分值	评价得分
1	图元的选择		40	
2	视图控制操作		30	
3	常见操作		30	
合计			100	

1. 图元选择

（1）**单选**：选择图元单击鼠标左键，即可选中目标图元。

（2）**多选**：按住"Ctrl"键，鼠标光标旁会出现一个"+"键，单击鼠标左键增加选中图元。

（3）**减选**：按住"Shift"键，鼠标光标旁会出现一个"-"键，单击鼠标左键删减选中图元。

（4）**框选**：按住鼠标左键，在视图区域从左上往右下拉框进行选择，在实线选择框范围之内的图元即选中图元。

（5）**触选**：按住鼠标左键，在视图区域从右下往左上拉框进行选择，虚线选择框接触到的图元即选中图元。

（6）**类型选**：如果想选择同一类型的图元，可以单选其中一个图元之后，单击鼠标右键，在弹出的快捷菜单中选择"选择全部实例"即可。如图1-22所示，可以选中当前视图或整个项目中C1212类型的窗。

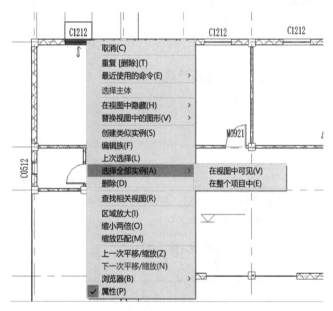

图1-22　类型选

（7）**过滤选**：当使用框选或触选选中多种类别的图元时，如只想选其中某一类别的图元，则单击"修改 | 选择多个"上下文选项卡"选择"面板中的"过滤器"按钮，弹出"过滤器"对话框，取消勾选不需要的类型，只保留需要的类型前勾选即可，如图1-23所示。

2. 视图控制操作

（1）**平移视图**：按住鼠标滚轮移动鼠标。

（2）**旋转三维视图**：按住"Shift"键，同时按住鼠标滚轮拖动旋转。

（3）**缩放视图**：滚动中键。以鼠标为中心，向前滚动放大，向后滚动缩小。

（4）**视图全屏显示**：双击鼠标滚轮。

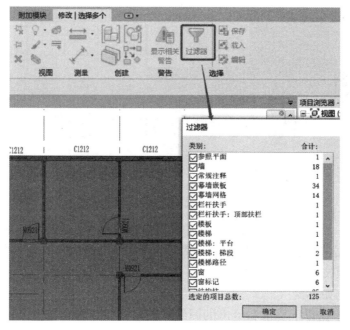

图 1-23　过滤选

3. 常用操作

（1）**取消最近操作**：按"Ctrl"+"Z"组合键，或者执行快速访问工具栏上的"放弃"命令。

（2）**恢复最近操作**：按"Ctrl"+"Y"组合键，或者执行快速访问工具栏上的"重做"命令。

（3）**删除**：选中要删除图元，按"Delete"键，或者执行"修改"面板的"删除"命令。

（4）**结束命令**：按"Esc"键两次。

常用操作如图 1-24 所示。

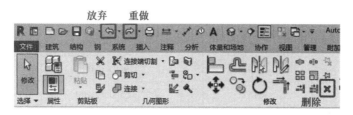

图 1-24　常用操作

模块 2

Revit 软件建筑建模

本模块以"1+X"BIM 初级考证试题中的综合建筑建模题为课堂案例，来讲解建模全过程。读者可根据课堂案例的操作学习，掌握建筑建模操作技能；也可通过课堂练习的操作学习，提升建模技巧。

课堂案例试题如下。

综合建模：根据以下要求和给出的图纸，创建模型并将结果输出。在考生文件夹下新建名为"第三题输出结果 + 考生姓名"的文件夹，将本题结果文件保存至该文件夹中。（40 分）

1. BIM 建模环境设置（2 分）

设置项目信息：①项目发布日期：2021 年 4 月 21 日；②项目名称：别墅；③项目地址：中国北京市。

2. BIM 参数化建模（30 分）

（1）根据给出的图纸创建标高、轴网、柱、墙、门、窗、楼板、屋顶、台阶、散水、楼梯等，栏杆尺寸及类型自定，幕墙划分与立面图近似即可。门窗需按门窗表（表 2-1）尺寸完成，窗台自定义，未标明尺寸不做要求。（24 分）

表 2-1　门窗表

类型	设计编号	洞口尺寸 /（mm×mm）	数量
单扇木门	M0820	800×2 000	2
	M0921	900×2 100	8
双扇木门	M1521	1 500×2 100	2
玻璃嵌板门	M2120	2 100×2 000	1
双扇窗	C1212	1 200×1 200	10
固定窗	C0512	500×1 200	2

（2）主要建筑构件参数要求。（6 分）

外墙：240 mm，10 mm 厚灰色涂料、220 mm 厚混凝土砌块、10 mm 厚白色涂料；内墙：120 mm，10 mm 厚白色涂料、100 mm 厚混凝土砌块、10 mm 厚白色涂料；楼板：

150 mm 厚混凝土；一楼底板 450 mm 厚混凝土；屋顶 100 mm 厚混凝土；散水宽度 800 mm；柱子：300 mm × 300 mm。

3. 创建图纸（5 分）

（1）创建门窗明细表。门明细表要求包含类型标记、宽度、高度、合计字段；窗明细表要求包含类型标记、底高度、宽度、高度、合计字段；并计算总数。（3 分）

（2）创建项目一层平面图（图 2-1）。创建 A3 公制图纸，将一层平面图插入，并将视图比例调整为 1：100。（2 分）

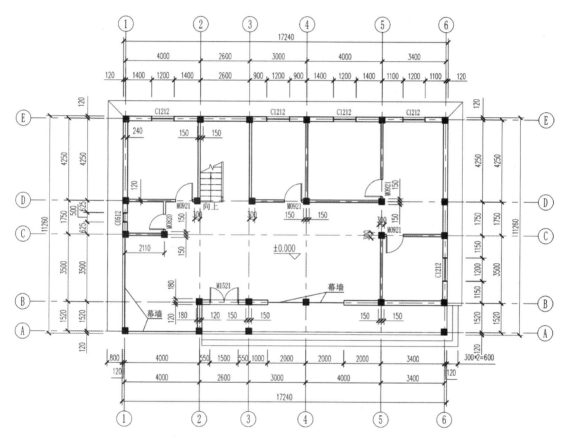

一层平面图 1:100

图 2-1　一层平面图

4. 模型渲染（2 分）

对房屋的三维模型进行渲染，质量设置：中，设置背景为"天空：少云"，照明方案为"室外：日光和人造光"，其他未标明选项不做要求，结果以"别墅渲染 .JPG"为文件名保存至本题文件夹中。

二层平面图、屋顶平面图、立面图、剖面图、楼梯平面图如图 2-2 ~ 图 2-6 所示。

5. 模型文件管理（1 分）

将模型文件命名为"别墅 + 考生姓名"，并保存项目文件。

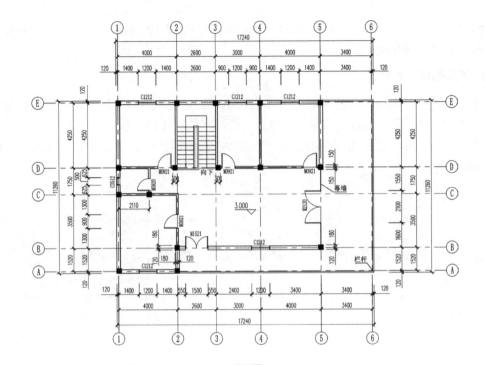

二层平面图 1:100

图 2-2 二层平面图

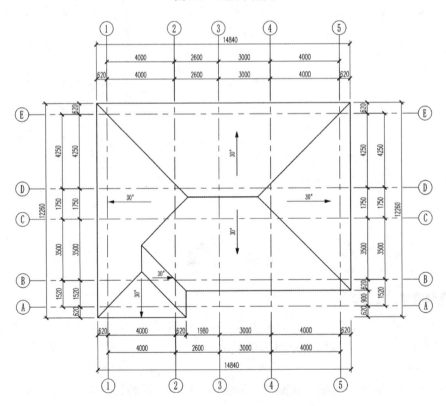

屋顶平面图 1:100

图 2-3 屋顶平面图

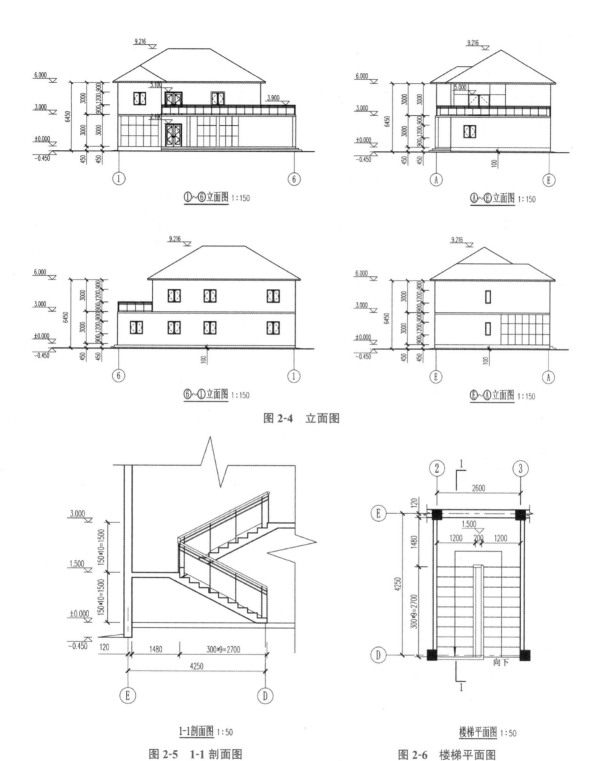

图 2-4　立面图

图 2-5　1-1 剖面图

图 2-6　楼梯平面图

案例讲解如下。

1. BIM 建模环境设置（2 分）

设置项目信息：①项目发布日期：2021 年 4 月 21 日；②项目名称：别墅；③项目地址：中国北京市。

操作：打开软件，选择"新建"模型，在弹出的"新建项目"对话框中选择"建筑样板"创建项目，单击"确定"按钮，如图 2-7 所示。

视频：项目设置及文件保存

图 2-7　新建项目

单击"管理"选项卡"设置"面板中的**"项目信息"**按钮，弹出"项目信息"对话框，如图 2-8 所示，找到对应填写栏目，填写项目信息，单击"确定"按钮。

提示：项目地址栏不能直接填写地址，需要单击右侧的"浏览"按钮"..."，在弹出的"编辑文字"对话框内填写。

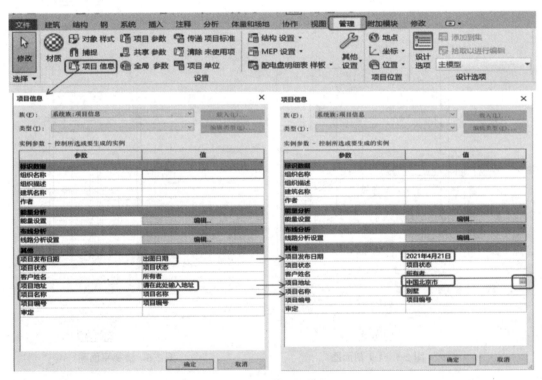

图 2-8　设置项目信息

2. BIM 参数化建模（30 分）

课堂案例建模按照"标高→轴网→墙柱→门窗→楼板→楼梯→屋面→其他构件"流程，具体操作详见任务 1 ~ 任务 6。

3. 创建图纸（5分）

创建门窗明细表，具体操作详见任务9。创建项目一层平面图，具体操作详见任务10。

4. 模型渲染（2分）

对房屋的三维模型进行渲染，具体操作详见任务8。

5. 模型文件管理（1分）

将模型文件命名为"别墅＋考生姓名"，保存项目文件于考生文件夹中。

操作： 单击"保存"按钮（可以在"快速访问工具栏"直接单击保存按钮，也可以单击"文件"选项卡下"保存"按钮），在弹出的"另存为"对话框中选择文件保存位置，按照题目要求设置文件名称，并在"文件保存选项"里设置最大文件备份数，单击"确定"按钮，如图2-9所示（文件默认保存类型为 *.rvt 格式）。

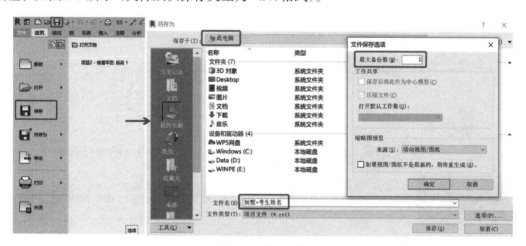

图2-9　保存文件

任务1　标高与轴网的创建与编辑

学习目标

知识目标：

1. 掌握标高的创建与编辑方法。
2. 了解复制、阵列标高与绘制标高的区别。
3. 掌握轴网的创建与编辑方法。

能力目标：

1. 能够正确绘制标高与轴网。
2. 能够根据具体情况选择合适的绘制方法。
3. 具有举一反三解决实际问题的能力。

素养目标：

1. 培养学生自主学习 BIM 相关知识的能力。

2. 培养学生具有良好的模型标准意识、建模规范意识及严谨细致的工作态度和工作作风。

任务指引

任务要求	根据课堂案例要求，掌握别墅标高、轴网的创建与编辑方法。结合 BIM 等级考试真题熟悉考证要求。依据实际项目情况，完成对应岗位任务
任务准备	1. 阅读课堂案例图纸，了解任务要求。 2. 了解建筑建模基本流程。 3. 掌握软件的基本操作

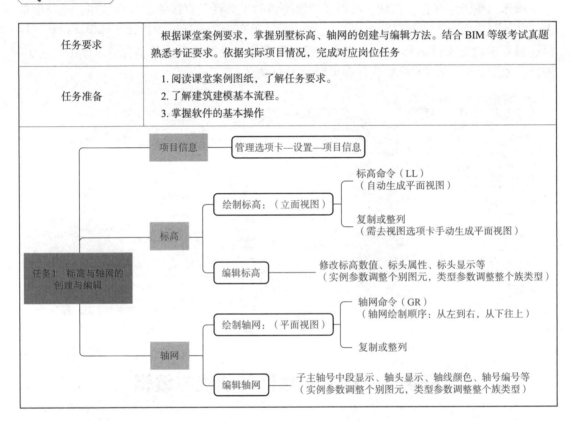

任务反馈

标高与轴网的创建与编辑任务反馈表

序号	任务内容	完成情况	任务分值	评价得分
1	创建标高		20	
2	编辑标高		20	
3	创建轴网		20	
4	编辑轴网		20	
5	岗位任务		20	
合计			100	

矩不正，不可为方；规不正，不可为圆

"矩不正，不可为方；规不正，不可为圆"出自西汉刘安的《淮南子·诠言训》："矩不正，不可以为方；规不正，不可以为圆；身者，事之规矩也。未闻枉己而能正人者也。"

释义：画方形的工具不准确，就不能画出标准的方形；画圆形的工具不精确，便无法画出标准的圆形。

自古以来，规矩就是一种约束，一种准则，一种标准，一种尺度，更是一种责任，一种境界。人不以规矩则废，家不以规矩则殆，国不以规矩则乱。规矩很重要，不懂规矩、不用规矩、不守规矩，就要出问题，就会栽跟头。

1.1 课堂案例：创建小别墅的标高

标高主要用于定义建筑的高度及各楼层层高，并创建关联的各平面视图。标高必须在立面或剖面视图中才能使用。

操作 1：打开立面视图

首先在项目浏览器中展开"立面（建筑立面）"，有"东、北、南、西"4 个立面视图，一般南立面为主视图。鼠标左键双击"南"，进入南立面视图，建筑样板里已经创建了两个标高：±0.000（标高 1）和 4.000（标高 2），同时，在楼层平面中有对应关联的标高 1 和标高 2 平面视图，如图 2-10 所示。

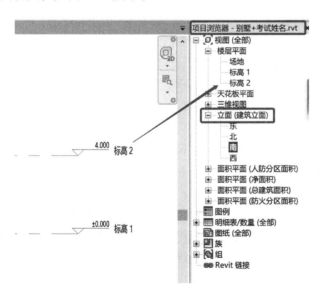

视频：标高修改及创建

图 2-10　打开立面视图

操作 2：修改建筑层高

根据案例立面图，需将建筑首层层高修改为 3.000。修改层高有 3 种方法，如图 2-11 所示。

23

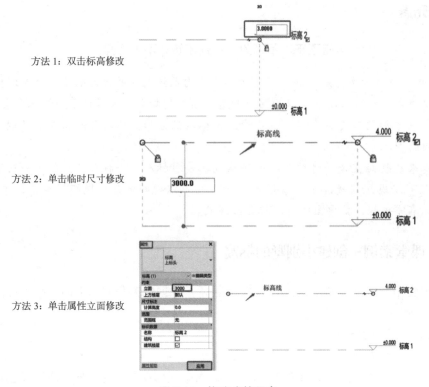

方法 1：双击标高修改

方法 2：单击临时尺寸修改

方法 3：单击属性立面修改

图 2-11　修改建筑层高

方法 1：选择"4.000"标高双击鼠标左键，数字被激活，直接修改为"3.000"，单击鼠标左键进行确认或按"Enter"键确认。

（**提示**：软件大多数情况下是以 mm 为单位，但标高以 m 为单位。）

方法 2：选择要修改的 4.000 标高线单击鼠标左键，标高 1 和标高 2 之间会出现临时尺寸标注，鼠标左键单击尺寸数字，修改为"3 000"，单击鼠标左键进行确认或按"Enter"键确认。

（**提示**：一定要选择修改的标高线。当图元较多时，记得选中哪个，调整的就是哪个，这是初学者容易出错的地方）。

方法 3：选择要修改的 4.000 标高线单击鼠标左键，"属性"面板中会显示该标高线相关信息，单击立面数据，修改为"3 000"，单击"应用"按钮确认。

操作 3：创建建筑标高

根据案例立面视图，需创建 6.000 和 –0.450 建筑标高。单击"建筑"选项卡"基准"面板中的"标高"按钮（后面统一简写成"建筑"→"基准"→"标高"格式），如图 2-12 所示（也可键盘输入快捷命令"LL"，注意关闭中文输入状态，在英文状态下，不区分大小写）。

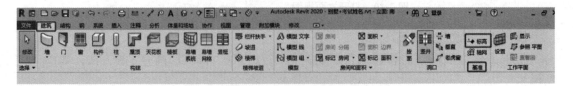

图 2-12　单击标高命令

激活"修改|放置 标高"上下文选项卡，默认采用"线"绘制方法，选项栏中"创建平面视图"默认勾选，此处"平面视图类型"一般默认创建楼层平面、结构平面和吊顶（图中"天花板"）平面。本题仅需创建楼层平面，建议在画标高前关闭结构平面和吊顶（图中"天花板"）平面。

这时界面最下端的状态栏会提示"单击以输入标高起点"，将鼠标光标移动到标高 2 左侧标头正上方时，会出现对齐虚线，同时会出现临时尺寸。

如果想一次性准确绘制，可以移动鼠标使临时尺寸变成 3 000 时（当临时尺寸不容易确定时，可在出现对齐虚线时直接用键盘输入层高数值 3 000），单击鼠标左键确定绘制标高线起点。

然后鼠标光标向右移动，当右侧出现对齐虚线时，单击鼠标左键确定终点，标高 3 绘制完毕，按"Esc"键两次，结束命令。此时在楼层平面中会创建联动标高 3 平面视图，如图 2-13 所示（绘制标高 3，也可先随机尺寸绘制，然后按照前面介绍的修改标高方法来修改标高）。

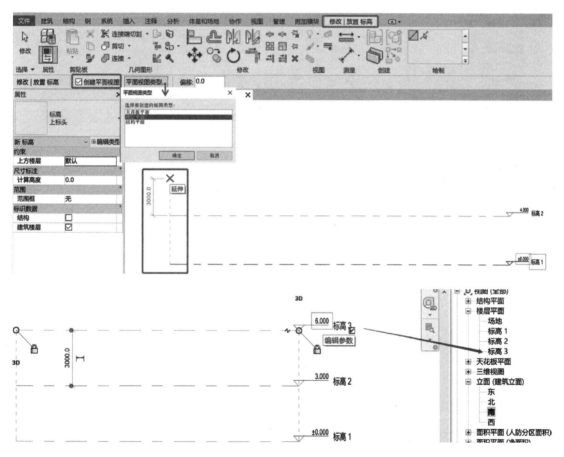

图 2-13　绘制 6.000 标高

按照同样的方法，绘制 −0.450 标高，同时楼层平面会出现标高 4 楼层平面视图。如图 2-14 所示。

（提示：楼层平面命名是软件按照绘制顺序以标高最后一位按升序顺序自动命名的）。

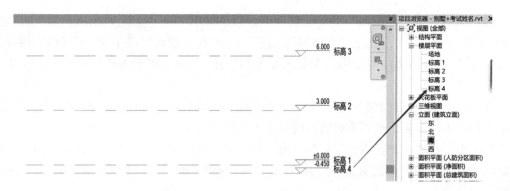

图 2-14　绘制 –0.450 标高

绘制标高还可以采用"拾取线"的绘制方式。执行"标高"命令，在激活的"修改|放置 标高"上下文选项卡的"绘制"面板中选择"拾取线"绘制方法，选项栏中"偏移"框中输入 3 000，用鼠标左键拾取"标高 2"，当上方出现标高 3 虚线时，单击鼠标左键，即可创建"标高 3"，如图 2-15 所示。

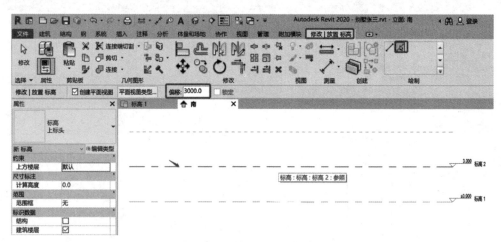

图 2-15　拾取线创建标高

1.2　编辑标高

根据案例立面图标高表示（图 2-16），立面标高应设置在左侧，–0.450 标高的标头符号向下，接下来修改立面标高的显示。

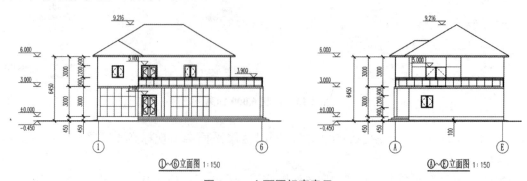

图 2-16　立面图标高表示

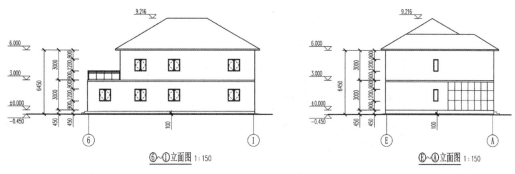

图 2-16　立面图标高表示（续）

操作 1：调整标高符号显示

方法 1： 单击标高线，左右两侧会显示标高符号显示框，单击方框，框内有"R"显示标高符号，没有就不显示，如图 2-17（a）所示。这种方法需要单击每个标高线调整，只适用少数标高调整（此种方法是修改实例参数，它仅影响个体，不影响同类型其他实例的参数）。

方法 2： 单击标高线，在"属性"面板中类型显示为"标高上标头"，单击"编辑类型"按钮，在弹出的"类型属性"对话框中，端点 1 处的默认符号就是指左侧的标高符号，端点 2 处的默认符号是指右侧标高符号，勾选即为显示，如图 2-17（b）所示。在这里设置的显示样式只适用于所有属性为"标高上标头"的标高（此种方法是修改**类型参数**，它修改的是同一类型的族所共有的参数，一旦类型参数的值被修改，则项目中所有该类型的族个体都相应改变）。

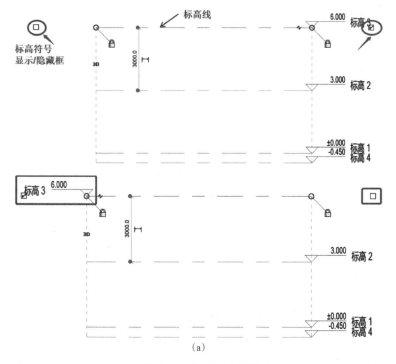

（a）

视频：编辑标高显示

图 2-17　调整标高符号显示

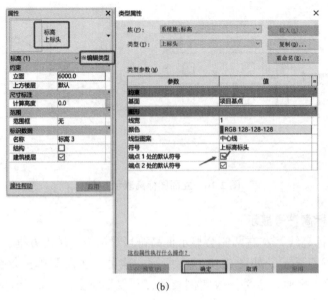

(b)

图 2-17　调整标高符号显示（续）

±0.000 标高的属性为"标高正负零标高"，需要单独调整，如图 2-18 所示。

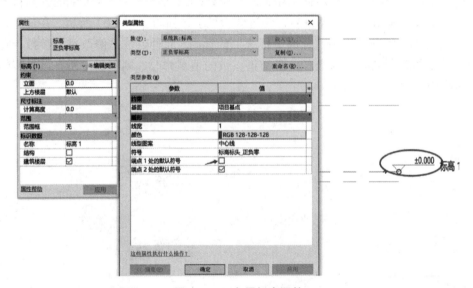

图 2-18　正负零标高调整

操作 2：修改标头类型

标高标头属性类型有 3 种，即"上标头""下标头""正负零标高"。单击 –0.450 标高线，在"类型属性"对话框中选择下标头即可，如图 2-19 所示。

另外，标高显示调整还有其他操作。单击任意一根标高线，会出现蓝色可编辑项目，例如，①鼠标左键双击"标高名称"，可修改标高名称，同时还可修改对应平面视图名称；②鼠标左键单击标高下的圆形"拖动点"，按住鼠标左键可左右水平拖动调整所有标高线的水平范围；③鼠标左键单击"弯折符号"，按住鼠标左键上下拖动"拖拽点"可调整标头上下位置；④单击"对齐锁定开关"，可单独解锁该标高线调整范围；⑤在"属性"面板的类型属性里可调整标高线的宽度、颜色和线型图案，如图 2-19 和图 2-20 所示。

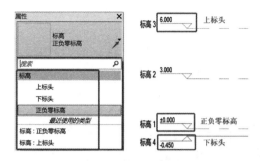

图 2-19 标头类型选择

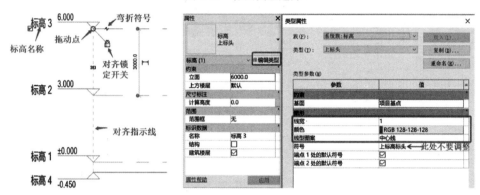

图 2-20 标高其他调整项目

1.3 课堂案例：创建小别墅的轴网

小别墅的一层平面图如图 2-21 所示。

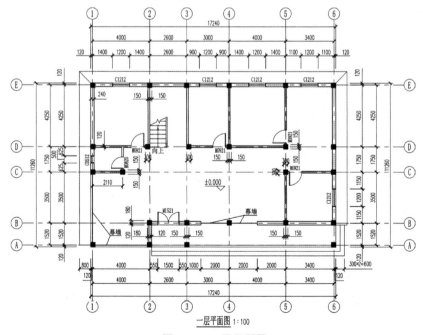

图 2-21 一层平面图

轴网需要在平面视图中绘制。只要在任意一个平面视图中绘制了轴网，其他楼层平面、立面图中都会显示轴网。

操作1：打开平面视图

在项目浏览器中展开"楼层平面"，双击"标高1"视图，进入"标高1"楼层平面视图，可以在"标题栏""标签栏""属性"面板3处看到当前视图名称，如图2-22所示。

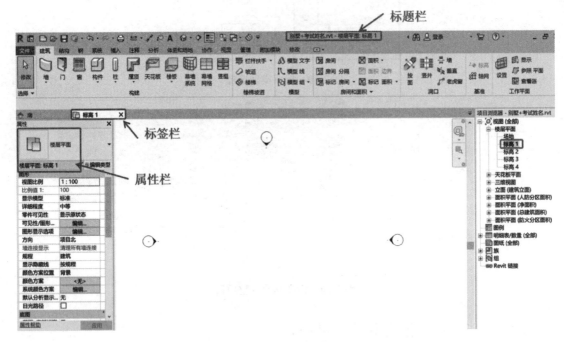

图2-22　打开平面视图

操作2：绘制轴网

执行"建筑"→"基准"→"轴网"命令，如图2-23所示（也可输入快捷命令"GR"，注意关闭中文输入状态）。

图2-23　执行"轴网"命令

激活"修改|放置 轴网"上下文选项卡，软件默认的是"直线"绘制方式，此时界面最下端的状态栏会提示"单击可输入轴网起点"，在绘图区域单击鼠标左键确定轴线起点，向上或向下垂直移动鼠标光标一段距离（当出现虚线时，说明轴线竖直），再次单击鼠标左键确定轴线终点，完成创建第一条轴线，软件默认第一根轴线编号为①，如图2-24所示。按两次"Esc"键退出命令。

（提示：要确保轴网绘制在4个立面符号范围内。）

视频：绘制轴网

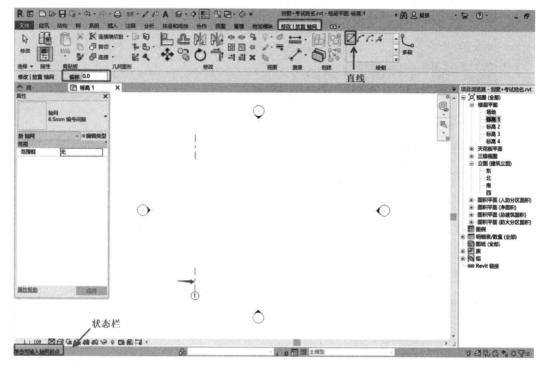

图 2-24　绘制①轴线

接下来绘制水平方向的②～⑥横向轴线，采用复制的方法绘制轴线会更快一些。

鼠标左键单击①轴，激活"修改|放置轴网"上下文选项卡，执行"修改"面板中的"复制"命令，选项栏里有"约束"和"多个"两个选项，建议勾选。"约束"选项的含义类似 AutoCAD 里的"正交"概念，只能横平竖直移动，这样轴网不会偏移；"多个"选项的含义就是可以同时复制多个，如果不勾选，则每次只能复制一个。

单击鼠标左键确定复制的起点，向右移动鼠标光标确定复制方向，输入轴线间距离，再次单击鼠标左键确定终点。依次绘制出②～⑥轴线，最后按"Esc"键结束命令，如图 2-25 所示。

（提示：绘制轴线一定要按照从左向右的顺序，软件默认按绘制顺序给轴线编号。）

绘制横向的纵向轴线Ⓐ～Ⓔ轴。绘制方向同样也要按照编号顺序从下向上绘制，先绘制最下面的Ⓐ轴，软件自动编号为⑦，鼠标左键双击⑦，修改为Ⓐ，如图 2-26 所示。

Ⓐ轴线绘制完成后，采用复制命令依次向上绘制出Ⓑ～Ⓔ轴线，如图 2-27 所示。

（提示：软件不会自动排除 I、O、Z 符号，需要手工调整。）

1.4　编辑轴网

根据案例轴网显示，轴线两端都有轴号，且轴线需要连续。但软件默认的轴线不连续且只有一端有轴号，需要对轴网进行编辑调整。

操作 1：显示和隐藏轴号

方法 1：选择任意一根轴线单击鼠标左键，轴线两端会显示轴号复选框，单击方框，框内有"R"显示轴号，没有就不显示，如图 2-28 所示。

（提示：这种方法是修改**实例参数**，只能逐根轴线去调整，建议局部调整采用这种方法。）

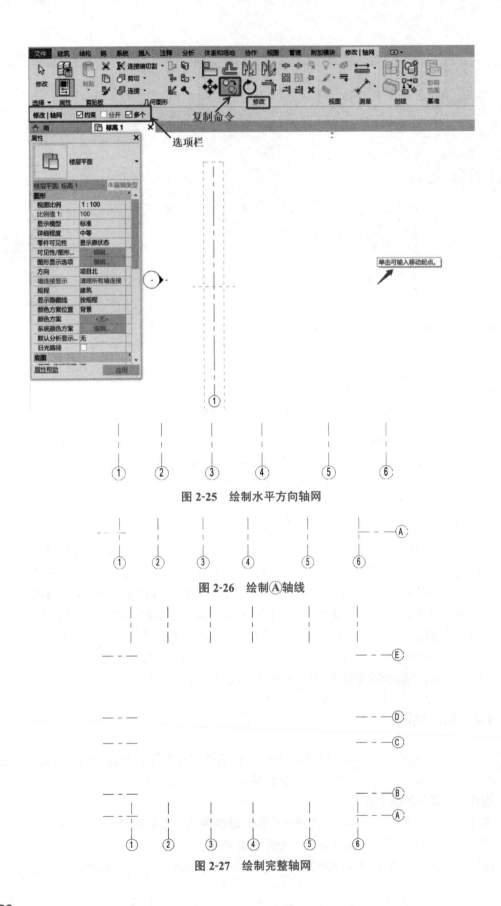

图 2-25　绘制水平方向轴网

图 2-26　绘制Ⓐ轴线

图 2-27　绘制完整轴网

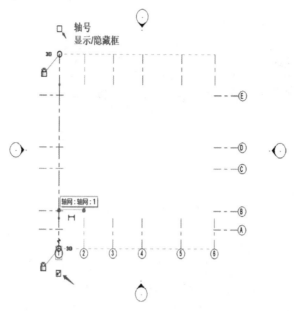

图 2-28　调整轴号显示 1

方法 2：选择任意一根轴线单击鼠标左键，单击"属性"面板中的"编辑类型"按钮，在弹出的"类型属性"对话框内可对轴号端点 1 和轴号端点 2 显示进行修改，如图 2-29 所示。

（**提示**：这种方法是修改**类型参数**，对同一类型轴线统一修改，整体轴网建议采用这种方法。）

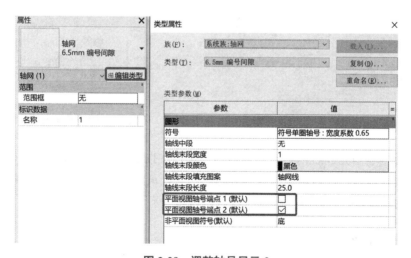

图 2-29　调整轴号显示 2

操作 2：轴线其他属性修改

选择任意一根轴线单击鼠标左键，单击"属性"面板中的"编辑类型"按钮，在弹出的"类型属性"对话框内可以调整轴线相关参数。最常见的修改参数为"轴线中段"，单击右侧下拉箭头，选择"连续"选项，轴线按常规显示；"轴线末端颜色"可以设置轴线颜色，如图 2-30 所示。

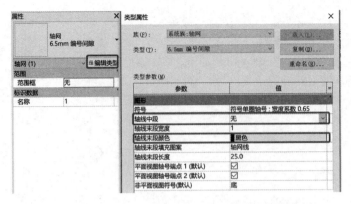

视频：编辑轴网

图 2-30 轴号其他属性修改

操作 3：其他轴线调整操作

选择任意一根轴线单击鼠标左键，会出现蓝色可编辑项目，例如，①鼠标左键单击轴号端部的圆形拖拽点，按住拖动可调整轴号位置；②鼠标左键单击弯折符号，按住鼠标左键拖动拖拽点可调整轴号位置；③单击对齐锁定开关，可单独解锁该轴号拖动；④单击轴号可修改编号，如图 2-31 所示。

如需调整轴线间距，可以通过单击需要调整位置的轴线，会出现这根轴线与相邻轴线的蓝色临时尺寸，单击数值可以修改距离，如图 2-32 所示。

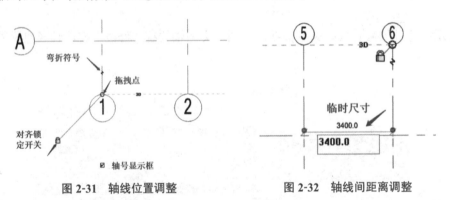

图 2-31 轴线位置调整   图 2-32 轴线间距离调整

小别墅轴网绘制完成后，一般建议将轴网锁定，以免后期误操作修改了轴网。选中所有轴线，轴线变成蓝色，激活"修改 | 设置轴网"上下文选项卡，执行"视图"→"锁定"命令，然后轴线锁定，"解锁"命令激活，如图 2-33 所示。

1.5 尺寸标注

操作 1：对齐标注

在"注释"选项卡"尺寸标注"面板中，最常用的尺寸标注命令为"对齐"，如图 2-34 所示。

鼠标左键单击"对齐"标注按钮，激活"修改 | 放置尺寸标注"上下文选项卡，选项栏中默认拾取为"单个参照点"，依次单击轴线对轴网进行标注，最后在适当位置单击空白

处放置尺寸标注，如图 2-35 所示。

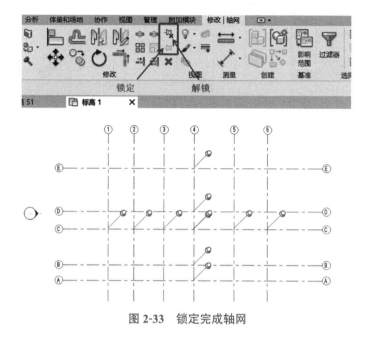

图 2-33 锁定完成轴网

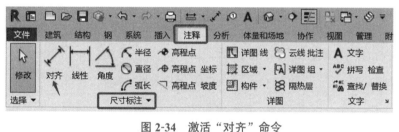

视频：尺寸标注

图 2-34 激活"对齐"命令

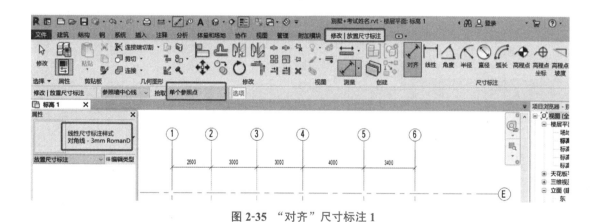

图 2-35 "对齐"尺寸标注 1

"对齐"标注除可以水平和垂直方向标注外，还可以倾斜标注，如图 2-36 所示。

操作 2：线性标注

"线性"标注命令操作类似对齐标注。

（提示：只能拾取交点，且只能水平和垂直方向标注，如图 2-37 所示。）

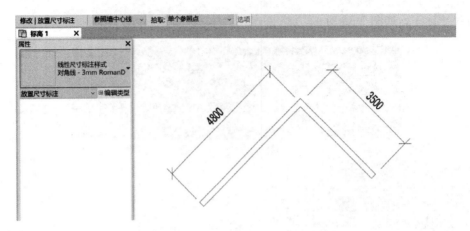

图 2-36 "对齐"尺寸标注 2

图 2-37 "线性"尺寸标注

小别墅轴线间尺寸标注网完成,如图 2-38 所示。

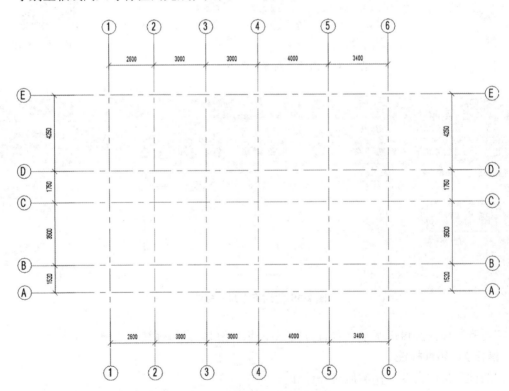

图 2-38 轴线间尺寸标注完成

1.6　课堂练习 1：创建高层建筑标高轴网

图学学会考证试题：某建筑共 50 层，其中首层地面标高为 ±0.000，首层层高为 6.0 m，第二至第四层层高为 4.8 m，第五层及以上层高均为 4.2 m。请按要求建立项目标高，并建立每个标高的楼层平面视图（图 2-39、图 2-40），并且，请按照以下平面图中的轴网要求绘制项目轴网。最终结果以"标高轴网"为文件名保存为样板文件，放在考生文件夹中。

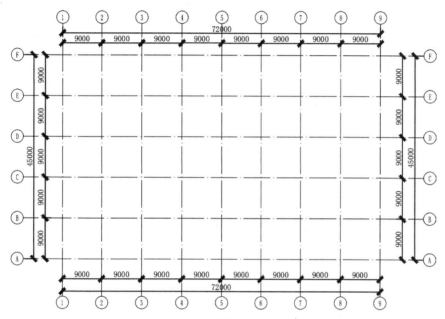

图 2-39　1～5 层轴网布置图 1∶500

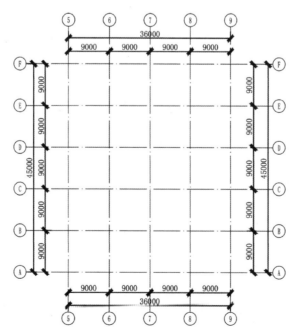

图 2-40　6 层及以上轴网布置图 1∶500

操作1：创建文件

题目要求： 文件保存为样板文件。

方法1： 单击"新建"模型，在弹出的"新建项目"对话框里，选择"建筑样板"选项，并勾选"项目样板"，如图 2-41 所示。单击"确定"按钮后，进入"样板1"楼层平面视图，标题栏显示"样板1"文件，如图 2-42 所示。

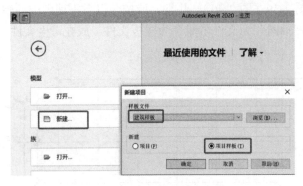

视频：标高轴网练习
1.1- 样板文件创建

图 2-41　创建新样板文件

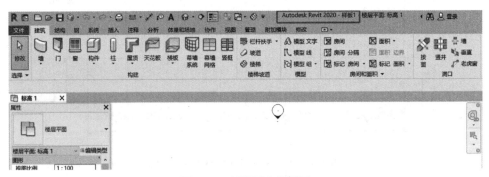

图 2-42　新样板文件界面

执行"保存"命令，在弹出的"另存为"对话框中，设置好文件保存位置，以"标高轴网"命名文件，文件保存类型为"样板文件 *.rte"，设置好文件备份数，如图 2-43 所示。

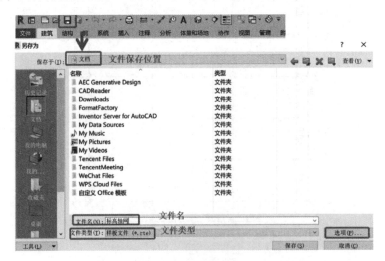

图 2-43　保存样板文件

方法2：按照新建"项目"创建文件，在保存时弹出的"另存为"对话框中，单击文件保存类型下拉菜单，选择"样板文件"，其他保存设置一样，如图2-44所示。

（提示："项目"文件保存时可以选择保存文件类型，但是"样板文件"保存时不能选择。）

图2-44　保存样板文件

操作2：创建标高

题目要求：建筑共50层，其中首层地面标高为 ±0.000，首层层高为6.0 m，第二至第四层层高为4.8 m，第五层及以上层高均为4.2 m。

（1）修改首层层高。 在项目浏览器中展开"立面（建筑立面）"，鼠标左键双击"南"，进入南立面视图，修改首层层高为6 m，如图2-45所示。

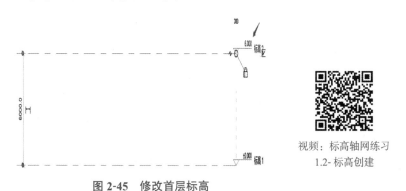

视频：标高轴网练习
1.2- 标高创建

图2-45　修改首层标高

（2）创建标高3 ～ 5。 采用复制命令，单击6.000标高线，激活"修改 | 标高"上下文选项卡，执行"修改"→"复制"命令，勾选选项栏的"约束"和"多个"选项，如图2-46所示。单击鼠标左键复制起点，向上移动4 800，再次单击鼠标左键确定复制终点，生成标高3；继续向上复制，依次单击"确定"按钮生成标高4和标高5，按两次"Esc"键结束命令。但是用复制命令生成的标高标头为白色，在楼层平面中不会生成对应平面视图，如图2-47所示。

建议：如果标高绘制错误，使用撤销，不要删除，避免编号不连续。

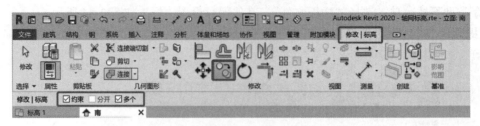

图 2-46 执行"复制"命令

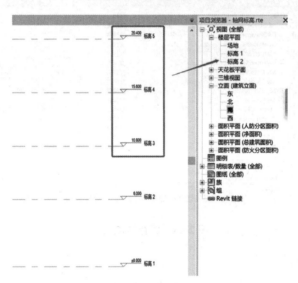

图 2-47 复制生成标高 3 ～ 5

（3）**创建标高 6 ～ 51**。这里采用"阵列"命令，这样可以一次绘制多个等距的标高。单击标高 5，激活"修改 | 标高"上下文选项卡，执行"修改"→"阵列"命令，选项栏会出现很多选项，如图 2-48 所示。

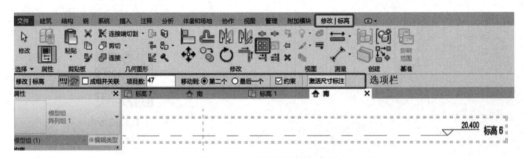

图 2-48 执行"阵列"命令

"阵列"选项栏参数介绍如下。

阵列类型：有线性阵列和半径阵列。

成组并关联：如果勾选，则当前选择的"标高"和新建的"标高"关联成组。如不勾选，则当前选择的"标高"和新建的"标高"相互独立。建议不要勾选"成组并关联"，因为勾选后还需要多一步解组操作，新手很容易忘记解组，导致后面编辑出错。

项目数：是指阵列的数量，这里的数量包含当前选定的"标高"，如项目数为2，那阵列命令只新建了一个标高。

移动到：是指移动的距离是两标高之间的距离还是所有标高之间的总距离。勾选"第二个"是指两相邻标高间的距离；勾选"最后一个"是指选择的标高与最后一个标高的距离。

根据本题要求，将"项目数"设置成47，选择移动到"第二个"，单击鼠标左键确定阵列起点，向上移动或输入4 200，再次单击鼠标左键确认，生成标高6～51，按两次"Esc"键结束命令，如图2-49所示。

图2-49 阵列生成标高6～51

如果勾选了"成组并关联"，可以单击任意一个阵列的标高，出现阵列"项目数"，单击数值可进行修改，如图2-50所示。

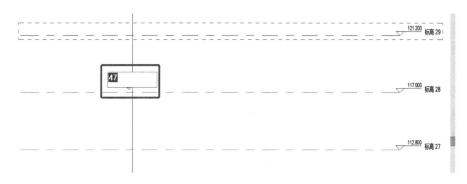

图2-50 修改阵列项目数

勾选了"成组并关联"，记得一定要解组。如果不解组，将无法对标高进行编辑。选中所有阵列的标高，激活"修改 | 模型组"上下文选项卡，执行"成组"→"解组"命令，即可一次性全部解组，如图2-51所示。

（**提示**：建议使用过滤器过滤选择后统一解组。）

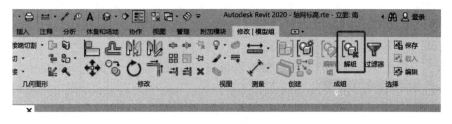

图2-51 执行"解组"命令

（4）**生成平面视图**。用"复制"和"阵列"命令生成的标高，需要手动生成平面视图。执行"视图"→"创建"→"平面视图"→"楼层平面"命令，弹出"新建楼层平面"对话框，选中所有标高（可以按住鼠标左键向下拖动选择；也可以按住"Shift"键，单击最后一个标高），单击"确定"按钮，如图 2-52 所示。软件会自动跳到最高标高的平面视图。

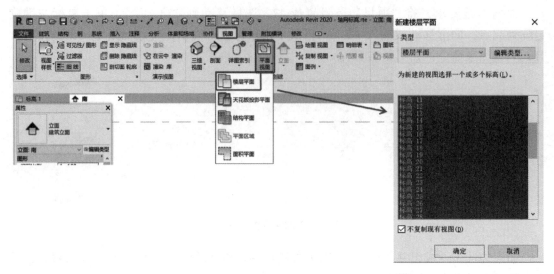

图 2-52　生成平面视图

操作 3：创建轴网

在项目浏览器中展开"楼层平面"，双击"标高 1"进入标高 1 楼层平面视图，执行"建筑"→"基准"→"轴网"命令，绘制第一根轴线，用复制或阵列的方式绘制其他轴线，完成轴网绘制。

轴网创建完成后要使轴网处在 4 个立面符号中间，需移动 4 个立面符号，移动时建议框选立面符号。按照题目要求，视图比例为 1∶500，在楼层平面的"属性"面板中调整视图比例，或在状态栏下调整视图比例为 1∶500。但是这种做法只能调整当前"标高 1"平面视图的出图比例，如图 2-53 所示。

如果需要调整所有平面视图比例，则可以在"项目浏览器"中展开"楼层平面"，选中所有"标高"平面视图（先单击"标高 1"，然后按住"Shift"键，单击"标高 51"），在楼层平面"属性"面板中调整视图比例为 1∶500 即可，如图 2-54 所示。

操作 4：调整 6 层以上轴网显示

建模时一般先创建标高再创建轴网，这样在任意楼层平面绘制的轴网在每个楼层平面视图中都会显示。如果先创建轴网，则只会在标高 1～2 平面上显示轴网，如果要在后创建的标高楼层平面视图中显示轴网，则需要去立面手动将轴线的标头拖到顶部标高之上才能显示。

（提示：可以把标高看成水平面，轴线看成竖向平面，两个平面空间相交才会在楼层平面显示轴线。）

根据题意，6 层以上不显示①～④轴线，只需要去"南立面"或"北立面"单独解锁①～④轴线，拖动到 6 层标高之下即可，如图 2-55 所示。

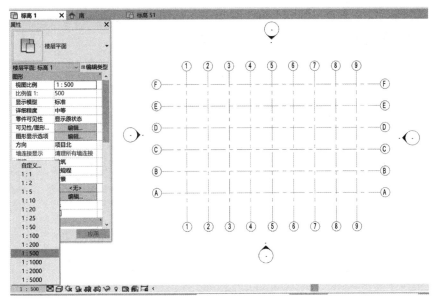

图 2-53　调整单个平面视图比例

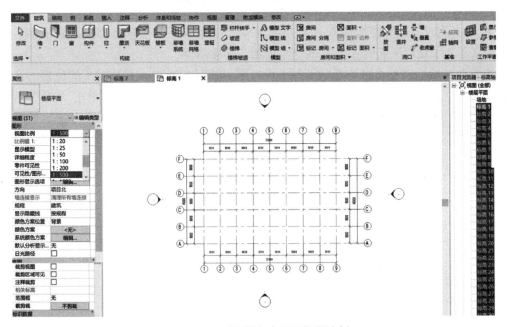

图 2-54　同时调整多个平面视图比例

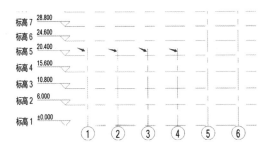

图 2-55　南立面调整①～④轴线

视频：标高轴网练习
1.3- 轴网创建

此时，标高 6 楼层平面视图以上都不显示①～④轴线，但是Ⓐ～Ⓕ轴左侧轴头与⑤轴距离较远，如图 2-56 所示。

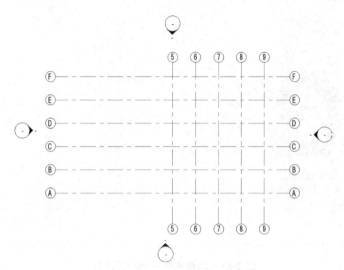

图 2-56　调整后的标高 6 及以上平面视图轴线显示

（**提示**：此时不能直接拖动Ⓐ～Ⓕ左侧轴头，3D 状态下每层轴头都会跟着拖动，也就是说标高 1～5 楼层平面的Ⓐ～Ⓕ轴也会跟随一起移动。）

接下来调整标高 6 楼层及以上所有平面视图中轴网左侧Ⓐ～Ⓕ轴轴头的位置。在标高 6 楼层平面中，鼠标左键单击Ⓐ轴线，Ⓐ轴头会出现"3D"，鼠标左键单击"3D"后变成"2D"（"2D"状态不会关联其他楼层），同样依次将其他轴号都改成"2D"状态，然后鼠标左键按住轴头一侧的拖拽点，一起拖至⑤轴附近，如图 2-57 所示。

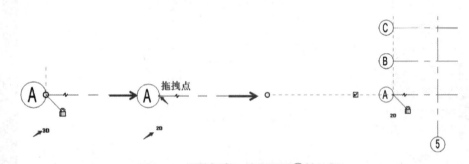

图 2-57　调整标高 6 楼层平面Ⓐ轴位置

7～51 楼层平面轴网的调整，只需要将标高 6 楼层平面调整的轴网影响到标高 7～51 楼层平面即可。选中调整后的Ⓐ～Ⓕ轴，激活"修改｜轴网"上下文选项卡，执行"基准"→"影响范围"命令，在弹出的"影响基准范围"对话框中，勾选需要影响的标高 7～51 楼层平面，单击"确定"按钮，如图 2-58 所示。

操作 5：尺寸标注

先对标高 1 楼层平面轴网进行尺寸标注，然后选中尺寸标注，在激活的"修改｜尺寸标注"上下文选项卡中，执行"剪贴板"→"复制到剪贴板"命令，再单击"粘贴"下的"与选定的视图对齐"按钮，弹出的"选择视图"对话框中选择标高 2～5 楼层平面，单击

"确定"按钮，就将标高 1 的尺寸标注复制到标高 2 ~ 5 楼层了，如图 2-59 所示。

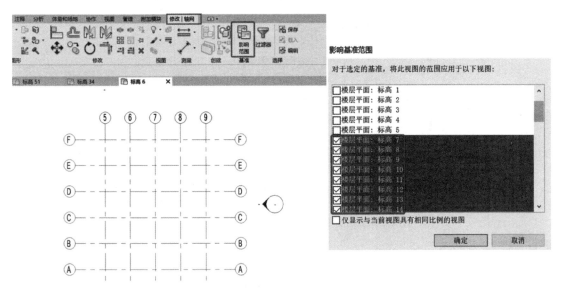

图 2-58　标高 7 ~ 51 楼层平面轴网的调整

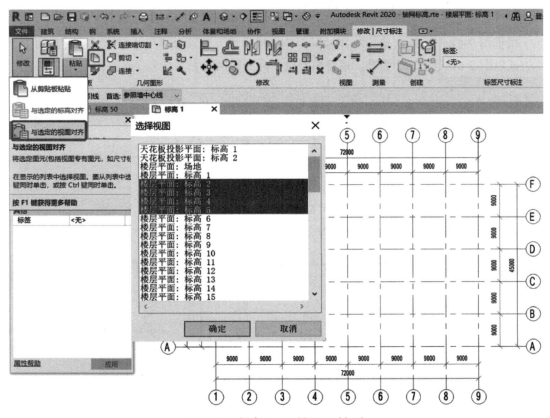

图 2-59　标高 1 ~ 5 楼层尺寸标注

同样，再对标高 6 楼层平面轴网进行尺寸标注，然后复制到标高 7 ~ 51，如图 2-60 所示。

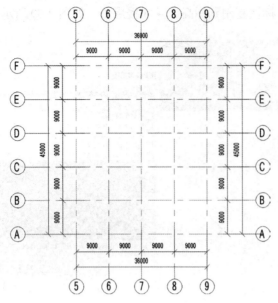

视频：标高轴网练习
1.4- 尺寸标注及比例

图 2-60　标高 7 ～ 51 楼层尺寸标注

1.7　课堂练习 2：创建径向轴网

根据图 2-61、图 2-62 给定标高轴网创建项目样板，无须创建尺寸标注，标头和轴头显示方式以图 2-61、图 2-62 为准。请将模型以"标高轴网"为文件名保存到考生文件夹中。

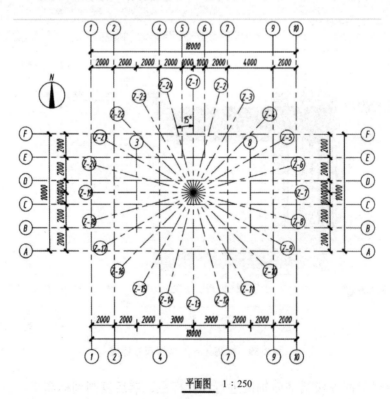

平面图　1：250

图 2-61　平面图

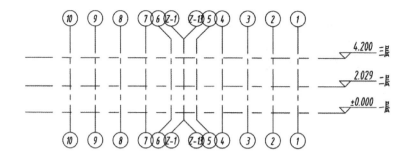

北立面图 1:250

图 2-62　北立面图

操作 1：创建及保存文件

题目要求：文件保存为样板文件。新建样板文件，进入"样板 1"楼层平面视图，并以"标高轴网"命名保存文件。

操作 2：创建标高

进入"南立面"，修改标高 2 为 2.029，新建标高 3 为 4.200。依次单击"标高 1、标高 2、标高 3"，修改为"一层、二层、三层"，单击"确认"按钮修改时，弹出"确认标高重命名"提示框，确认修改对应楼层平面的视图名称，单击"是"按钮，如图 2-63 所示。

视频：标高轴网
练习 2

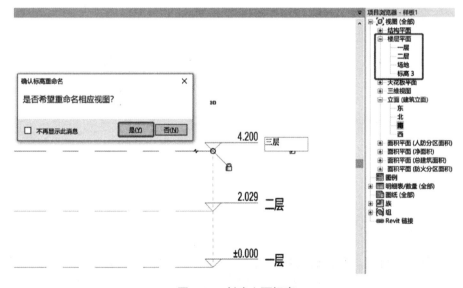

图 2-63　创建立面标高

操作 3：创建轴网

（1）**绘制正交轴网**。进入一层楼层平面视图，按照题目要求，③、⑤、⑥、⑧轴只有一端有轴号显示，且轴线位置调整到相应位置。单击③轴线，单击隐藏下端的轴号显示，单击解锁对齐开关，拖动拖拽点到⑧轴处，如图 2-64 所示。

依次拖动⑤、⑥、⑧轴，调整到和题目一致，如图 2-65 所示。

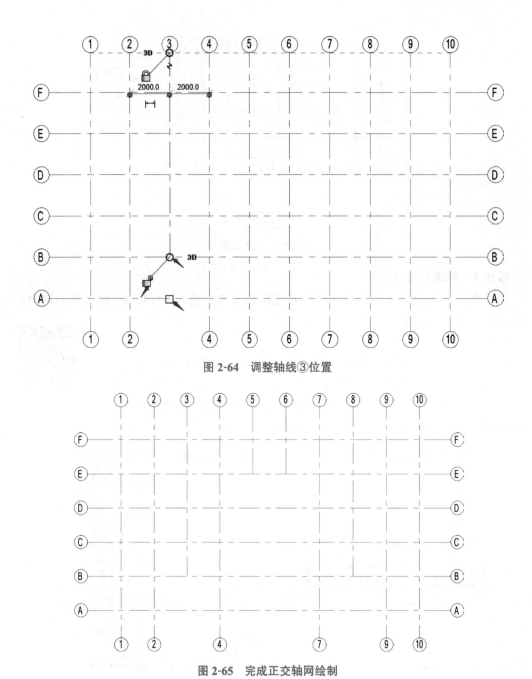

图 2-64　调整轴线③位置

图 2-65　完成正交轴网绘制

（2）**绘制径向轴网**。径向轴网的圆心位于⑤、⑥轴的中心线与ⓒ、Ⓓ轴的中心线交点处。执行"建筑"→"工作平面"→"参照平面"命令，如图2-66所示。激活"修改|放置参照平面"上下文选项卡，执行"拾取线"绘制命令，在选项栏的偏移框内输入"1000.0"，拾取⑤轴或⑥轴，ⓒ轴或Ⓓ轴偏移生成参照平面，延长⑤、⑥轴间的参照平面，找到交点，如图2-67所示。

绘制Ⓩ-1轴线，只显示上端轴号，如图2-68所示。

单击Ⓩ-1轴，激活"修改|轴网"上下文选项卡，执行"修改"→"阵列"命令，在选项栏里，选择"半径"阵列，取消"成组并关联"，项目数设置为"24"，拖动旋转点到两

条辅助线交点位置，单击②-1轴任意处确定旋转起始点，向右移动至旋转角度"15°"时，单击鼠标左键进行"确定"，如图 2-69 所示。

图 2-66 "参照 平面"命令

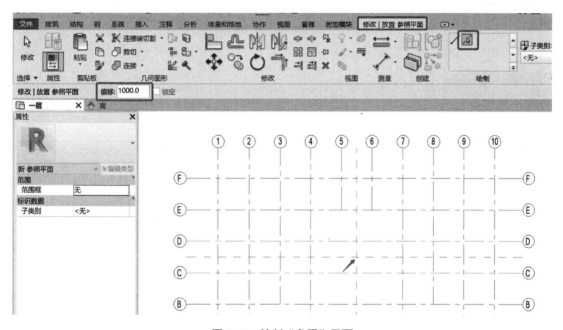

图 2-67 绘制"参照"平面

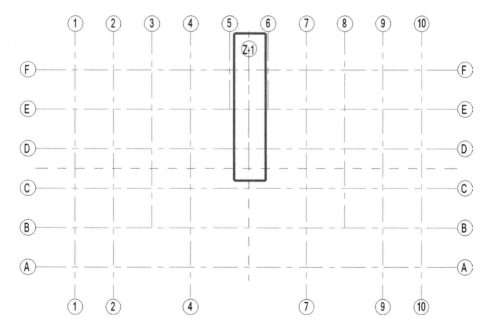

图 2-68 绘制②-1轴

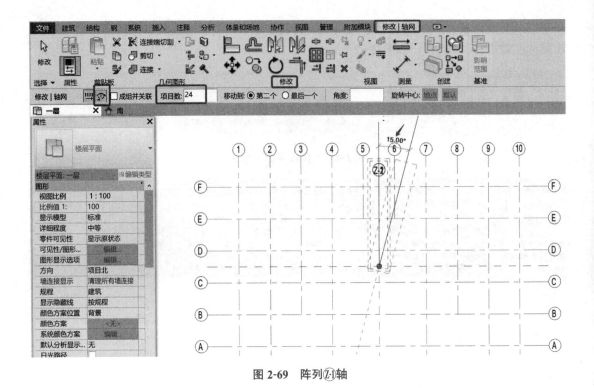

图 2-69　阵列(Z-1)轴

绘制完成后，选中全部轴网，执行"影响范围"命令，调整二层、三层轴网，如图 2-70 所示。

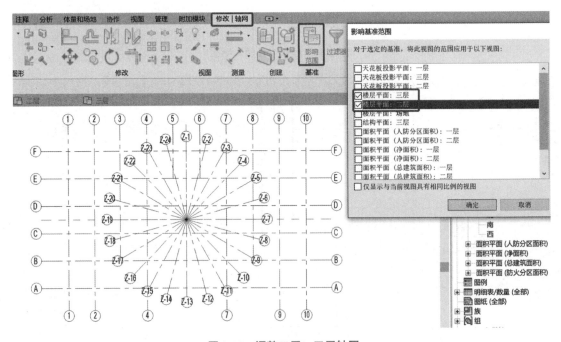

图 2-70　调整二层、三层轴网

操作 4：调整北立面轴网

进入北立面视图，单击任意一根轴线，再单击轴网"属性"面板中的"编辑类型"按钮，在弹出的"类型属性"对话框的"非平面视图符号"下拉列表中选择"两者"选项，如图 2-71 所示。

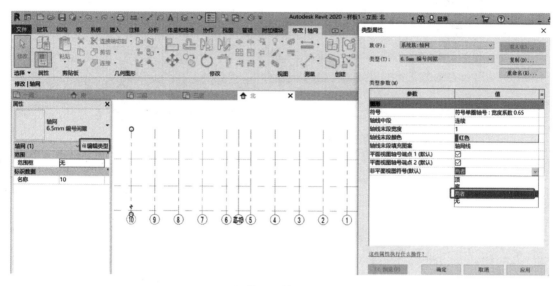

图 2-71　调整立面轴号的上下端显示

然后按照题目要求，依次调整⑤、⑥、Ⓩ-1、Ⓩ-13轴的位置，如图 2-72 所示。

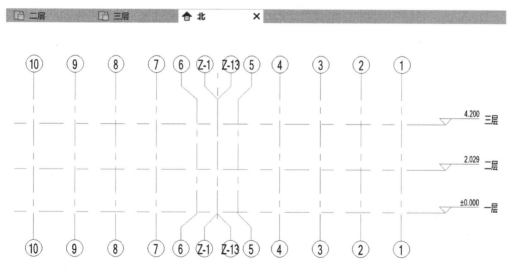

图 2-72　调整立面其他轴号

1.8　课堂练习 3：创建折线轴网

根据图 2-73、图 2-74 给定数据创建标高与轴网，显示方式参考图 2-73、图 2-74。请将模型以"标高轴网"为文件名保存到考生文件夹中。

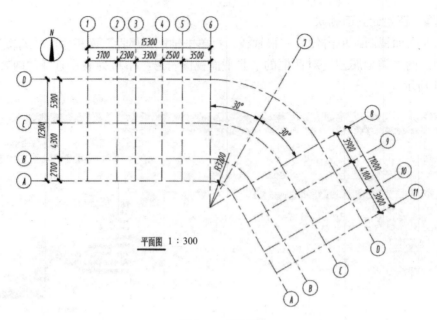

图 2-73 平面图

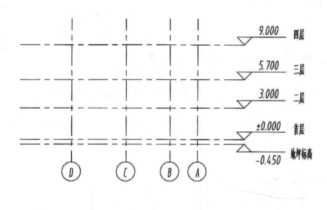

视频：标高轴网
练习 3

西立面图　1：300

图 2-74 西立面图

操作 1：创建并保存文件

新建"项目"文件，并以"标高轴网"为文件名保存文件。

操作 2：创建标高

进入"西立面"，修改二层标高为 3.000，并创建 5.700、9.000、–0.450 三个标高，依次按照题目要求修改标高名。

操作 3：创建轴网

（1）绘制①～⑪轴线。先按照题目要求绘制好①～⑥轴线，绘制⑦轴线可以执行"旋转"命令。单击⑥轴线，激活"修改 | 轴网"上下文选项卡，执行"修改"→"旋转"命令，在选项栏中勾选"复制"选项，按住鼠标左键拖动旋转中心到端部位置，单击⑥轴任意处确定旋转起点，然后向右移动鼠标指针至旋转角度为"30°"，单击鼠标左键确定旋转终点，完成⑦轴线绘制，如图 2-75 所示。

（说明：绘制⑦、⑧轴线也可以用"阵列"命令。）

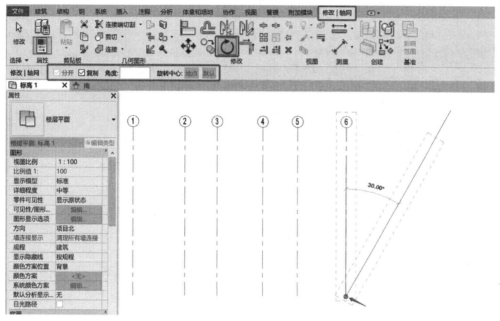

图 2-75　绘制⑦轴线

绘制⑧轴线可以执行"镜像"或"旋转"命令，然后执行"复制"命令绘制⑨～⑪轴，如图 2-76 所示。

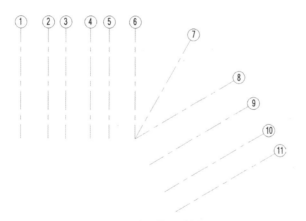

图 2-76　绘制⑧～⑪轴线

（2）绘制Ⓐ～Ⓒ轴线。首先绘制Ⓐ轴线，Ⓐ轴线为多段线组成的轴线，这里不能分段来画，否则每段轴线都有不同的轴号，这里要用多段线来绘制Ⓐ轴线。执行"轴网"命令，在激活的"修改 | 放置 轴网"上下文选项卡中，单击"多段线"按钮，如图 2-77 所示。

图 2-77　多段线绘制轴网命令

在激活的"修改|编辑草图"上下文选项卡下，选择直线绘制方式，在选项栏里输入偏移值"3200.0"，绘制Ⓐ轴线的第一水平段，如图2-78所示。

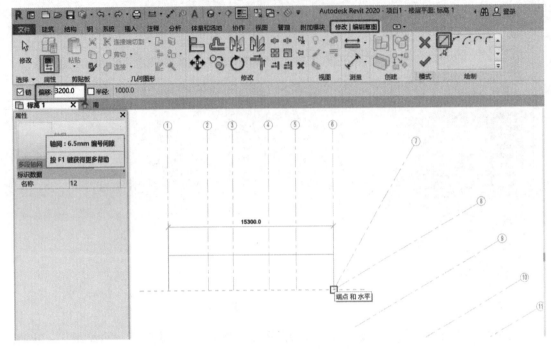

图2-78　Ⓐ轴线水平段绘制

然后选择"圆心-端点弧"绘制Ⓐ轴线弧线段，偏移值改为"0.0"，先单击选择圆心位置，再单击弧线第一个端点，最后单击弧线第二个端点，完成弧线绘制，如图2-79所示。

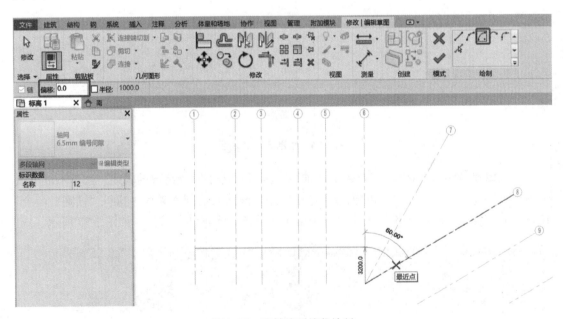

图2-79　Ⓐ轴线弧线段绘制

再选择"线"绘制Ⓐ轴线第三段，只要出现"切点和切线延伸"图标，表示所绘制斜线与另外一个方向的轴线垂直，如图 2-80 所示。

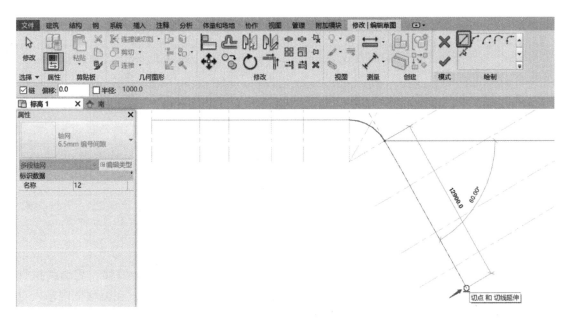

图 2-80　Ⓐ轴斜线段绘制

单击鼠标左键确认绘制，按"Esc"键结束命令，单击"模式"面板中的"完成编辑模式"按钮"√"，完成多段线轴线绘制，如图 2-81 所示。

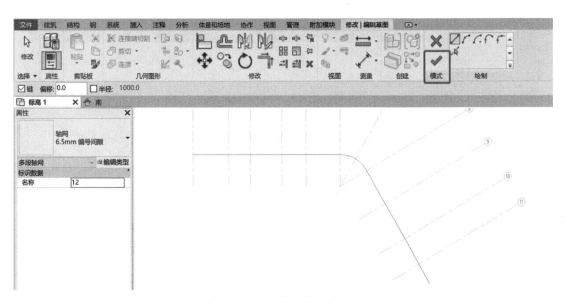

图 2-81　多段线轴线绘制完成

软件默认轴号为⑫，需要手动修改为Ⓐ轴。同时按照题目要求，调整Ⓐ轴线两端轴号显示，①～⑤轴、⑨～⑪轴端部位置如图 2-82 所示。

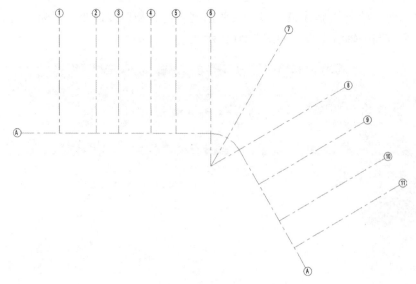

图 2-82　Ⓐ轴线绘制完成

　　绘制Ⓑ～Ⓓ轴不能执行"复制"命令，否则弧线段和斜线段都会偏移。需继续执行"轴网"命令下的"多段线"命令，采用绘制面板中的"拾取线"命令，在偏移框内输入对应数字，如"2700.0"，绘制出Ⓑ轴，如图 2-83 所示。

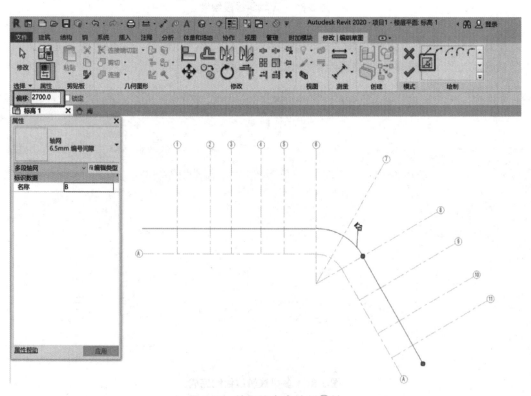

图 2-83　拾取线命令绘制Ⓑ轴

　　然后依次绘制Ⓒ轴、Ⓓ轴。注意一次只能拾取绘制一根轴线。绘制完成后，调整轴线轴头位置，如图 2-84 所示。

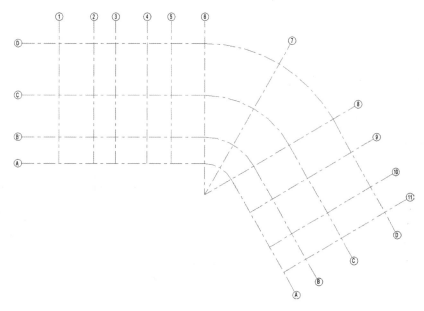

图 2-84　轴网绘制完成

1.9　课后练习

根据图 2-85 中给定的尺寸绘制标高轴网。某建筑共 3 层，首层地面标高为 ±0.000，层高为 3 m，要求两侧标头都显示，将轴网颜色设置为红色并进行尺寸标注。请将模型以"轴网"为文件名保存到考生文件夹中。

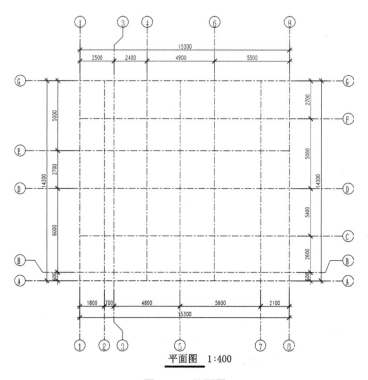

平面图　1:400

图 2-85　平面图

1.10 岗位任务

根据岗位任务图纸，创建标高与轴网。

◎小结与自我评价

_____ _____ _____ _____ _____	[二维码] 岗位任务 - 商铺图纸

任务 2 墙体的创建与编辑

学习目标

知识目标：

1.掌握墙体的构造组成。

2.掌握墙体的创建与编辑方法。

3.掌握幕墙的概念与绘制方法。

能力目标：

1.能够创建不同类型的墙体。

2.能够对墙体进行编辑修改。

素养目标：

1.培养学生发现问题与解决问题的能力。

2.培养学生细致严谨的工作态度和作风。

任务指引

任务要求	根据课堂案例要求，掌握别墅内外墙体与幕墙的创建与编辑方法。结合 BIM 等级考试真题，熟悉考证要求。依据实际项目情况，完成对应岗位任务
任务准备	1.阅读课堂案例图纸，了解任务要求。 2.了解建筑墙体的构造组成。 3.了解幕墙的概念与组成

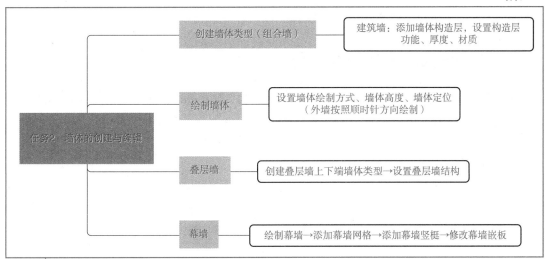

墙体的创建与编辑任务反馈表

序号	任务内容	完成情况	任务分值	评价得分
1	创建墙体类型		30	
2	编辑墙体		20	
3	创建幕墙		15	
4	编辑幕墙		15	
5	岗位任务		20	
合计			100	

思政元素

万里长城

长城由绵延伸展的一道或多道城墙、一重或多重城堡，以及沿长城密布的烽燧、道路、各种附属设施，巧妙借助天然险阻而构成。长城凝聚了中华民族自强不息的奋斗精神和众志成城、坚忍不屈的爱国情怀。

长城是中华民族的象征，是华夏儿女的骄傲，是中华民族自尊、自信、自立、自强的精神与意志的体现。长城代表着聪明智慧、艰苦勤奋、坚韧刚毅、开拓进取和充满向心凝聚力、维护统一、热爱祖国的民族精神。

当今世界，人们提起中国，就会想起万里长城；提起中华文明，也会想起万里长城。长城、长江、黄河等都是中华民族的重要象征，是中华民族精神的重要标志。我们一定要重视历史文化保护传承，保护好中华民族精神的根脉生生不息。

墙体是门窗承载的主体，没有墙体门窗无处安放，因此，在布置门窗等构件之前必须先创建墙体。布置门窗时，墙体会自动开洞，所以在绘制墙体时，无须预留门窗洞口。

2.1 课堂案例：创建小别墅的墙体

题目要求：外墙：240 mm，10 mm厚灰色涂料、220 mm厚混凝土砌块、10 mm厚白色涂料；内墙：120 mm，10 mm厚白色涂料、100 mm厚混凝土砌块、10 mm厚白色涂料。
一层平面图如图2-86所示。

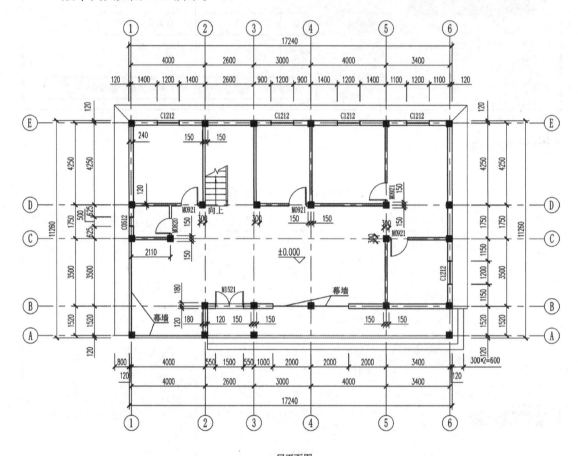

一层平面图 1:100

图2-86 一层平面图

操作1：创建墙体

在绘制墙体前，需要先按照题目要求，创建好墙体类型。进入一层平面图，执行"建筑"→"构建"→"墙"命令，选择"墙：建筑"，单击"基本墙""属性"面板的"编辑类型"按钮，在弹出的"类型属性"对话框中，单击"复制"按钮创建一个新的墙体，在弹出的"名称"对话框中输入"外墙"，单击"确定"按钮，如图2-87所示。

视频：创建墙体类型

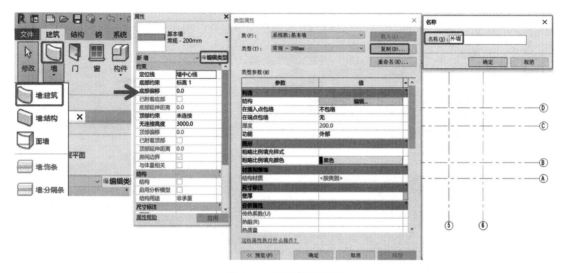

图 2-87　新建墙体类型

设置新建"外墙"墙体构造层次，单击"结构"参数对应的"编辑"按钮，弹出"编辑部件"对话框，单击"插入"按钮，添加构造层，单击构造层前面的数字选中构造层，再单击"向上"或"向下"移动构造层，每个构造层都可以设置"功能""材质""厚度"。默认情况下，每个墙体类型都有两个"核心边界"层，它们之间的构造层就是墙体"核心层"，如图 2-88 所示。

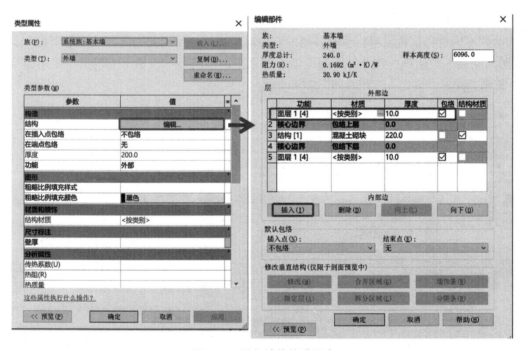

图 2-88　添加墙体构造层次

单击材质右侧的"浏览"按钮"..."，弹出"材质浏览器"对话框，在"搜索"栏内输入材质，项目中自带的材质可直接选用，如混凝土砌块、黄色涂料，如图 2-89 所示。

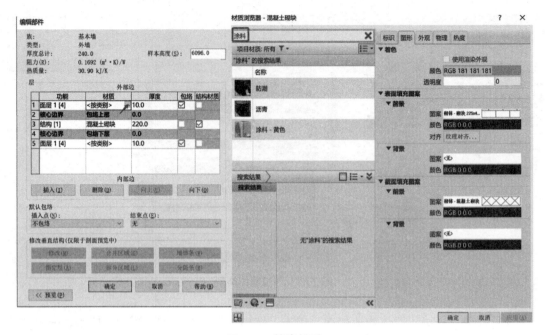

图 2-89　搜索材质

项目中没有的材质需要创建，如灰色涂料和白色涂料。

单击下端"创建并复制材质"下拉列表中的"新建材质"；在"默认为新材质"上单击鼠标右键，在弹出的快捷菜单中选择"重命名"，将新材质命名为"涂料 灰色"；单击"打开 / 关闭资源浏览器"按钮弹出"资源浏览器"对话框；在搜索框内输入"涂料"，在外观库的涂料库内选择灰色涂料；单击右侧的双向箭头按钮，使用此资源替换当前资源，关闭"资源浏览器"对话框；在"材质浏览器"对话框的"图形"选项卡中勾选"使用渲染外观"选项，单击"确定"按钮，如图 2-90 所示。

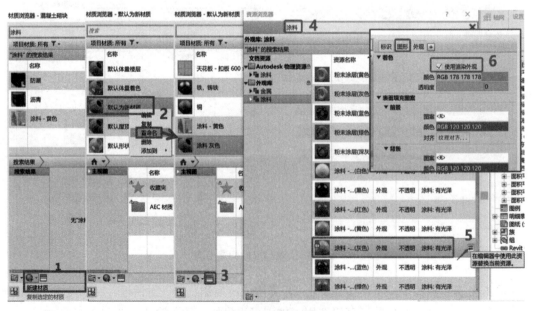

图 2-90　新建材质

按照同样的方法，创建白色涂料，并最终完成"外墙"的创建。内墙可选择复制外墙创建，只需要修改混凝土砌块厚度为"100"，将外侧材质修改为白色涂料即可。完成后的外墙及内墙构造如图 2-91 所示。

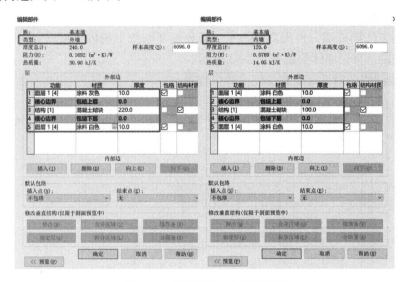

图 2-91   完成外墙、内墙的设置

操作 2：绘制墙体

执行"建筑"→"构建"→"墙"→"墙：建筑"命令，激活"修改 | 放置 墙"上下文选项卡，默认"线"绘制墙体。在"属性"面板中选择"外墙"，然后设置绘制参数，"选项栏"参数与"属性"面板参数一致。

现就各参数做一个简单说明。"高度"是指墙体从本视图向上绘制；"深度"是指墙体从本视图向下绘制；"顶部约束"是指墙体顶部的位置；"定位线"是指绘制的直线在墙体中的位置。

"链"勾选后可连续绘制墙体。首层墙体绘制参数设置如图 2-92 所示。

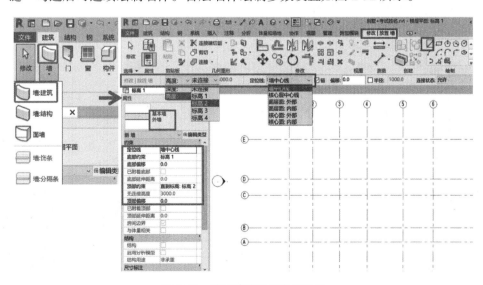

图 2-92   首层墙体绘制参数设置

63

外墙构造有内外之分，在绘制时注意绘制方向。一般沿着直线绘制方向的左侧为外侧，所以，外墙一般按照顺时针方向绘制。可以通过单击墙体，看双向箭头在哪侧，判断哪侧为墙体外侧。如外墙方向绘制错误，可以单击双向箭头来改变墙体的内外侧；或者单击墙体，按空格键来改变方向。

内墙绘制方法同外墙，但无方向约束，部分不在轴线上的内墙可以通过绘制"参照平面"来定位绘制，首层墙体绘制如图 2-93 所示。

（提示：绘制墙体时不需要预留门窗洞口位置。）

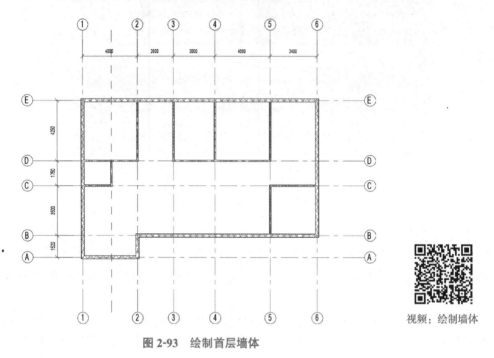

视频：绘制墙体

图 2-93　绘制首层墙体

二层墙体可以直接绘制，也可以将首层墙体复制到剪贴板，与选定标高对齐粘贴到二层，然后局部修改绘制，二层墙体布置完成，如图 2-94 所示。

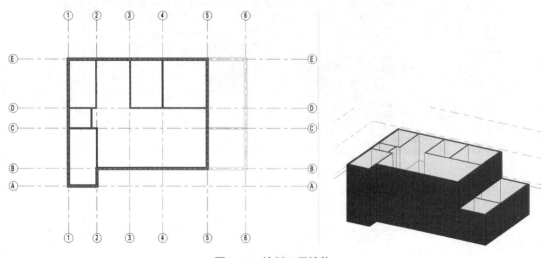

图 2-94　绘制二层墙体

2.2 课堂练习1：创建环形墙体

如图 2-95 所示，创建墙类型，新建项目文件，并将其命名为"等级考试—外墙"。之后，以标高 1 到标高 2 为墙高，创建半径为 5 000 mm（以墙核心层内侧为基准）的圆形墙体。最终结果以"墙体"为文件名保存在考生文件夹中。

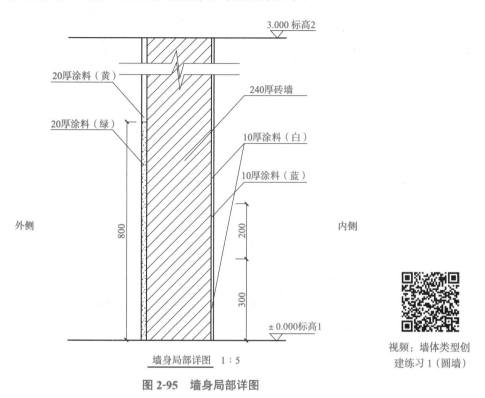

图 2-95　墙身局部详图

视频：墙体类型创建练习 1（圆墙）

分析：本题的特点是墙体同一构造层次，厚度相同，但是材质不同。这里采用拆分构造层的做法。

操作 1：创建并保存文件

新建"项目"文件，并以"墙体"为文件名保存文件。

操作 2：创建标高

进入"南立面"，修改标高 2 高度为 3.000。

操作 3：创建墙体类型

进入"标高 1"楼层平面，执行"建筑"→"构建"→"墙"→"墙：建筑"命令，单击"基本墙""属性"面板的"编辑类型"按钮，在弹出的"类型属性"对话框中单击"复制"按钮创建一个新的墙体，在"名称"对话框中输入"等级考试—外墙"，单击"确定"按钮，单击"结构"后的"编辑"进行墙体编辑，先按照题目要求设置好 3 个构造层次，外部边 20 mm 厚，核心 240 mm 厚砖墙，内部边 10 mm 厚，如图 2-96 所示。

本题的难点在于同一构造层次设置不同材质。单击"预览"按钮，左侧出现预览框，软件默认"视图"显示是"楼层平面"，单击下拉按钮，在下拉列表中选择"剖面"，此时右侧的"修改垂直结构"命令全部被激活，如图 2-97 所示。

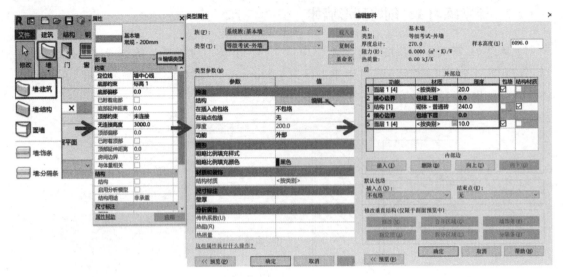

图 2-96 新建墙体类型

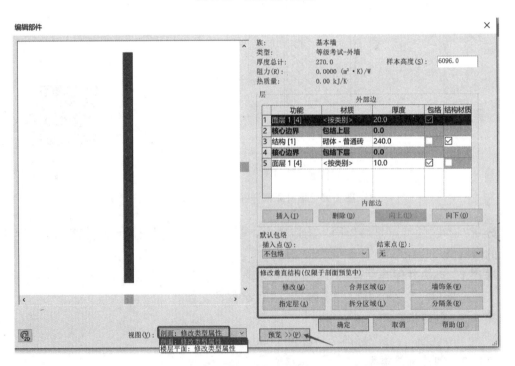

图 2-97 激活修改垂直结构命令

鼠标光标放置在左侧预览框内，滚动鼠标滚轮，对剖面视图进行放大和缩小。单击"拆分区域"按钮，将鼠标光标移至预览框内，鼠标指针会变成小刀模样。鼠标光标在外侧涂料层位置移动，会出现一条水平线，同时一侧会出现临时尺寸，如图 2-98 所示。

（提示：操作期间不要按"Esc"键，容易导致数据丢失。）

当 800 mm 的高度不好确定时，可先在任意高度位置单击，将外层拆分成两段，此时的构造层厚度变成"可变"。再单击"修改"按钮，单击拆分边界，上端会出现一个箭头，此时编辑蓝色临时尺寸可以调整拆分位置，如图 2-99 所示。

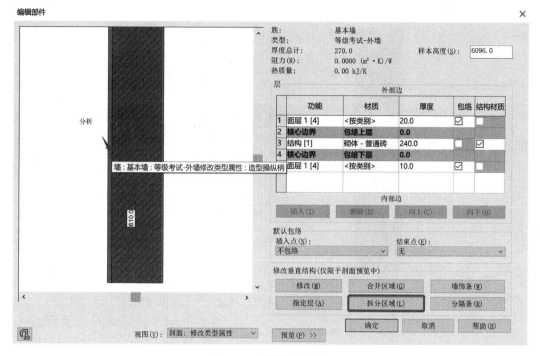

图 2-98　激活拆分命令

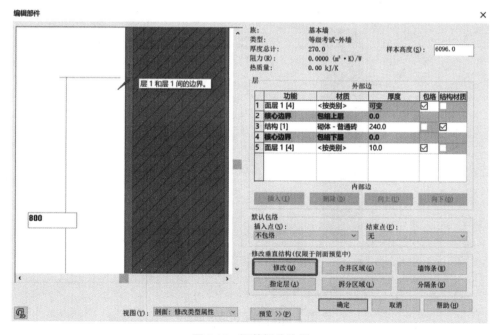

图 2-99　调整拆分位置

单击"插入"按钮，新增一个构造层，此时厚度为 0，如图 2-100 所示。

单击构造层前面的数字选中其中一个构造层，再单击"指定层"按钮，将鼠标光标移至剖面预览框内，单击需要指定的对应构造层，此时选中的构造层会呈现蓝色，这时 2 个构造层的厚度都变成了 20，如图 2-101 所示。

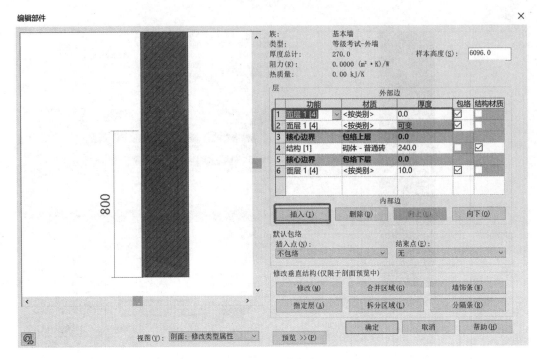

图 2-100　新增构造层

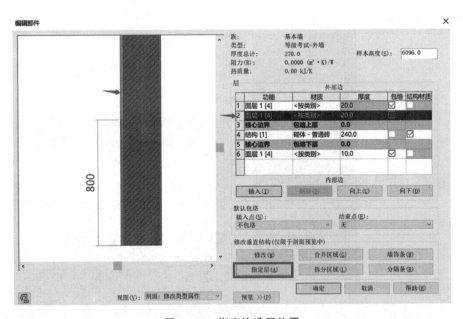

图 2-101　指定构造层位置

分段构造层位置指定后，就可以分别进行材质设置了。内侧的构造层分段操作一样，墙体构造设置完成后如图 2-102 所示。

［提示：这个墙体构造设置操作步骤较多，记得中途要经常保存（单击两次确定），如图 2-103 所示。如果中间过程遇到错误，不保存，则需要重头来过。]

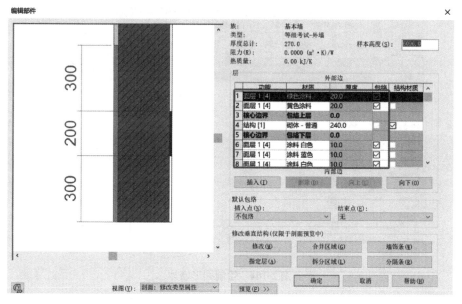

图 2-102　完成墙体构造层设置

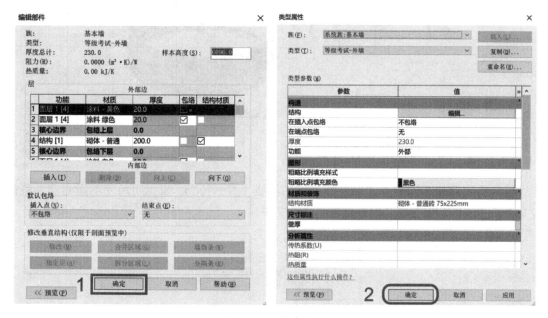

图 2-103　保存过程

操作 4：绘制墙体

执行"建筑"→"构建"→"墙"→"墙：建筑"命令，激活"修改|放置 墙"上下文选项卡，执行"圆形"绘制命令，在选项栏中设置好相关参数，"定位线"按照题目要求设置为"墙核心层内部"，绘制半径为 5 000 的圆形墙体，如图 2-104 所示。

但此时圆形墙体的内外方向是反的，需要调整。圆形墙体是由 2 个半圆墙组成，选择墙体时要注意。选中整个墙体，按空格键翻转。翻转后的圆墙半径又变了，单击墙体，修改半径尺寸为 5 000 即可，如图 2-105 所示。

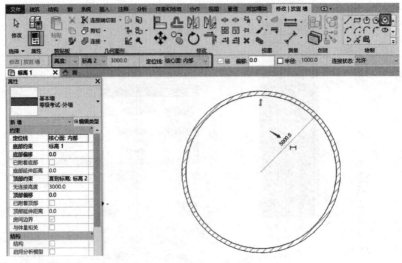

图 2-104　绘制圆形墙体

图 2-105　完成墙体绘制

2.3　课堂练习 2：创建叠砌墙

根据给定尺寸和构造创建墙模型并添加材质（图 2-106），未标明尺寸不做要求。将模型文件以"墙体"为文件名保存到考生文件夹中。

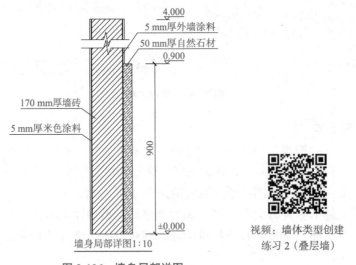

图 2-106　墙身局部详图

分析：本题的特点是墙体的上下构造层次不同，厚度也不同。这里采用叠砌墙的做法，叠砌墙就是将不同构造的墙体在高度方向叠加起来。

操作 1：创建并保存文件

新建"项目"文件，并以"墙体"为文件名保存文件。

操作 2：创建墙体类型

分别创建该墙体下端和上端墙体类型。进入"标高 1"楼层平面，创建新的墙体类型，下端墙体构造：50 mm 厚自然石材，170 mm 厚墙砖，5 mm 厚米色涂料；上端墙体构造：5 mm 厚外墙涂料，170 mm 厚墙砖，5 mm 厚米色涂料。上下端墙体名称自己定义，设置完成后的构造如图 2-107 所示。

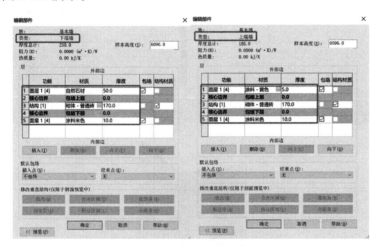

图 2-107　设置上下端墙体类型

操作 3：创建叠砌墙

执行"墙体"命令，在"属性"面板类型选择器下拉列表中选择"叠层墙"，单击"编辑类型"按钮，在"类型属性"对话框中单击"复制"按钮，创建一个新的叠砌墙类型，名称自定义，如图 2-108 所示。

图 2-108　创建新叠砌墙类型

单击"结构"参数对应的"编辑"按钮，在弹出的"编辑部件"对话框中单击"预览"按钮打开左侧预览框，选择 1 对应的上端墙体名称为"上端墙"，2 对应的下端墙体名称为"下端墙"，下端墙高度为"900"，如图 2-109 所示。

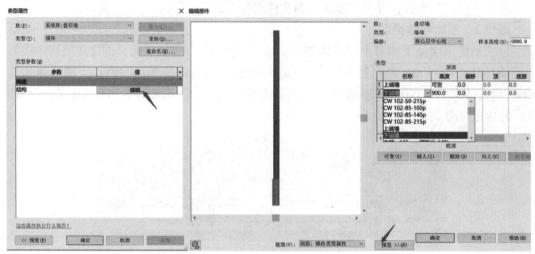

图 2-109　设置新叠砌墙

2.4　课堂案例：创建小别墅的柱子

操作 1：载入柱类型。进入标高 1 楼层平面视图，执行"建筑"→"构建"→"柱"→"结构柱"命令，单击"属性"面板中的"编辑类型"按钮，进入"类型属性"对话框，单击"载入"按钮，如图 2-110 所示。

在弹出的"载入族"对话框中双击"结构"文件夹，依次在弹出的文件夹中双击"柱""混凝土"，在"混凝土"文件夹中选择"正方形柱"，单击"打开"按钮，如图 2-111 所示。

操作 2：放置首层柱。在"修改 | 放置 结构柱"上下文选项卡下，选择"垂直柱"放置，选项栏中结构柱默认放置形式是"深度"，一定要修改成"高度"，设置柱高度至"标高2"，单击鼠标左键逐个放置柱，如图 2-112 所示。

（**建议**：关闭柱"属性"面板上启用分析模型。）

如果想快速放置多个柱子，可选择"多个"面板中的"在轴线处"放置方式，这种放置方式会在触选范围的轴网相交处放置柱子（注意只能从右向左框选才能放置），然后单击"完成"按钮，如图 2-113 所示。

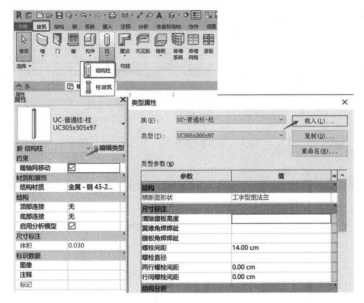

视频：绘制柱子

图 2-110　激活柱命令

图 2-111　载入混凝土矩形柱

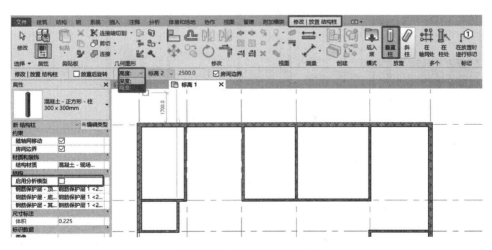

图 2-112　逐个放置首层柱

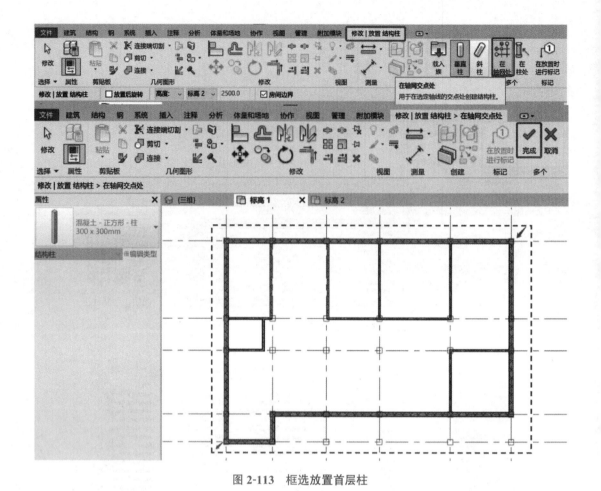

图 2-113 框选放置首层柱

操作 3：删除和移动柱子。把多余的柱子逐个删除（选择需要删除的柱子，按 "Delete" 键删除）。再根据题目要求，移动外墙柱子与外墙对齐，移动楼梯间内墙与柱子的位置（选择移动对象，用移动命令）。完成后如图 2-114 所示。

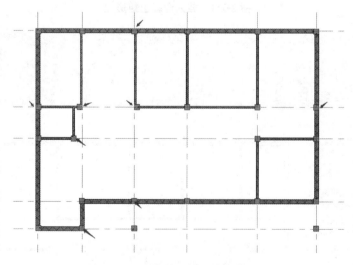

图 2-114 调整首层柱及墙体的位置

操作4：绘制二层柱。二层柱与首层柱相比减少了一些柱子，其他柱子的定位不变。先选中首层所有柱子（可以用过滤器来选），单击"修改|结构柱"上下文选项卡"剪贴板"面板中的"复制"按钮，再选择"粘贴"下的"与选定的标高对齐"，在"选择标高"中选择"标高2"，单击"确定"按钮，如图2-115所示。

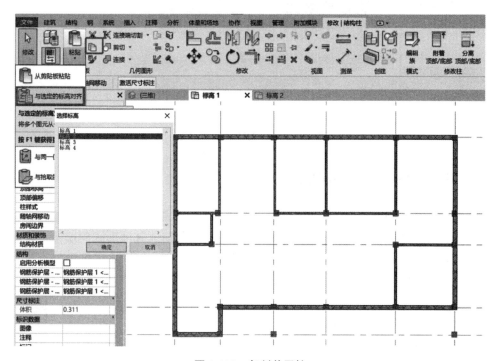

图2-115　复制首层柱

进入标高2楼层平面视图，可以看到复制的首层柱子，删除多余的柱子，将⑤轴处的外墙与柱边对齐。如不想显示标高1楼层的墙柱轮廓，可以在楼层平面"属性"面板下的"范围：底部标高"下拉列表中选择"无"，如图2-116所示。

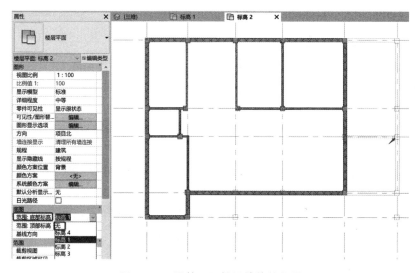

图2-116　调整二层柱及墙体的位置

切换到三维视图，小别墅首层和二层柱布置后的效果如图 2-117 所示。

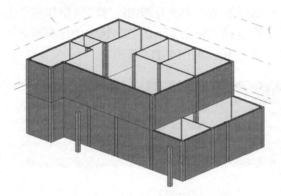

图 2-117　柱布置后的效果图

2.5　课堂案例：创建小别墅的幕墙

幕墙包括"幕墙网格""幕墙竖梃"和"幕墙嵌板"。幕墙竖梃就是幕墙龙骨，必须沿着幕墙网格布置；幕墙嵌板可以是玻璃，也可以替换成门窗或其他形式的墙体。绘制幕墙步骤：绘制幕墙→添加幕墙网格→添加幕墙竖梃→修改嵌板类型。本案例中没有要求布置竖梃，布置竖梃步骤在后面的习题中介绍。

操作 1：创建幕墙

进入"标高 1"楼层平面视图，执行"建筑"→"构建"→"墙"→"墙：建筑"命令，再从"属性"面板的"类型选择器"下拉列表中选择"幕墙"。由于在墙体位置上再绘制幕墙，需要在幕墙的"类型属性"对话框中勾选"自动嵌入"选项，这样就不会出现墙体重叠的错误提示，如图 2-118 所示。

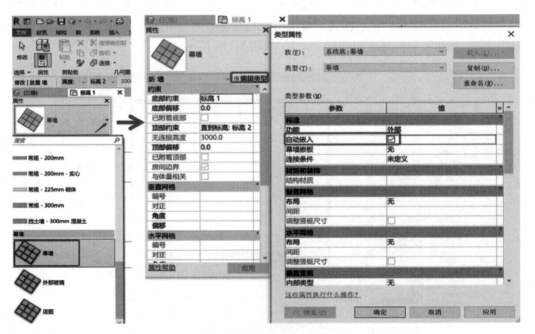

图 2-118　幕墙属性设置

绘制幕墙的方法同绘制墙体，在"修改 | 放置 墙"上下文选项卡下"绘制"面板中选择"线"绘制方法，绘制首层Ⓐ～Ⓒ轴间和①～②轴间幕墙。绘制③～⑤轴间幕墙，先通过绘制"参照平面"确定幕墙绘制起点和终点，绘制完成后如图 2-119 所示。

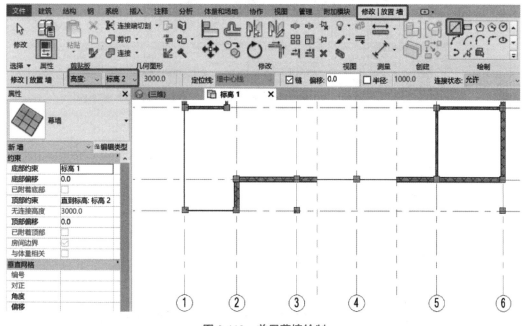

图 2-119　首层幕墙绘制

进入标高 2 楼层平面，绘制⑤轴处玻璃幕墙，如图 2-120 所示。

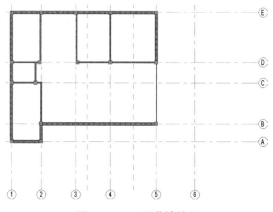

图 2-120　二层幕墙绘制

操作 2：创建幕墙网格

根据题目要求，幕墙划分与立面图近似即可。从①～⑥立面图中可知，③～⑤轴之间的幕墙高度方向划分为 3 段，③～④轴与④～⑤轴之间水平方向都划分为 3 段。

进入南立面视图，执行"建筑"→"构建"→"幕墙网格"命令，激活"修改 | 放置幕墙网格"上下文选项卡，放置方式有"全部分段"（绘制时网格线贯穿整个幕墙）、"一段"（绘制时网格贯穿选择的面板）、"除拾取外的全部"（在选择的嵌板之外的所有嵌板上添加一

条网格线）3 种类型。鼠标光标靠近幕墙左右两端会出现水平网格线，靠近幕墙上下端会出现竖向网格线，同时会出现临时尺寸，可对网格线定位，如图 2-121 所示。

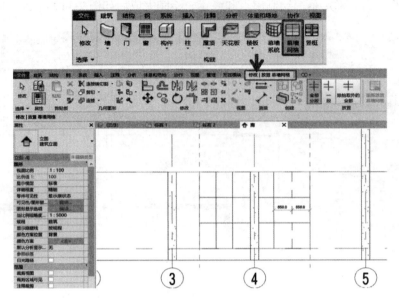

图 2-121　创建首层幕墙网格 1

如修改幕墙网格位置，可通过单击网格，修改临时尺寸调整位置。同时会切换到"修改 | 幕墙网格"上下文选项卡，执行"添加 / 删除线段"命令，还可以添加或删除网格线。单击已有网格线处就是删除网格，单击无网格线位置就是添加网格，如图 2-122 所示。删除网格线也可单击网格线，按"Delete"键。

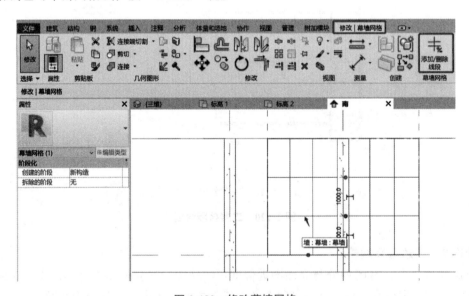

图 2-122　修改幕墙网格

按照同样的方法，进入西立面，对首层Ⓐ～Ⓒ轴幕墙进行网格划分，如图 2-123 所示。进入东立面，对二层Ⓑ～Ⓓ轴幕墙进行网格划分，如图 2-124 所示。

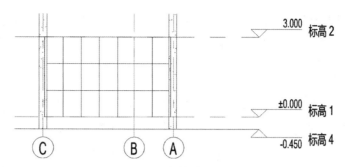
图 2-123　创建首层幕墙网格 2

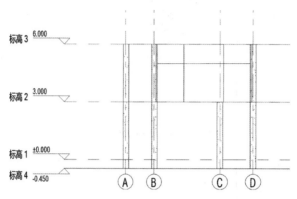
图 2-124　创建二层幕墙网格

操作 3：修改嵌板类型

本案例中二层楼面幕墙中嵌入了 M2120 双扇内开门。打开可以看到幕墙嵌板的东立面或三维视图，选择嵌板（将光标移动到嵌板边缘上方，并按"Tab"键，直到选中该嵌板为止，然后单击选中嵌板），单击"属性"面板中的"编辑类型"按钮，在弹出的"类型属性"对话框中单击"载入"按钮，如图 2-125 所示。

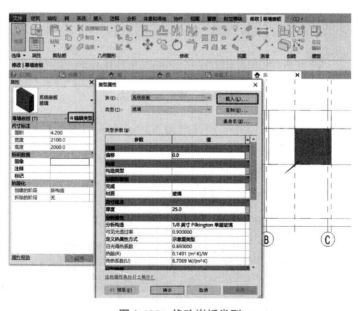
图 2-125　修改嵌板类型

在弹出的"载入族"对话框中双击"建筑"文件夹，依次在弹出的文件夹中双击"幕墙""门窗嵌板"，在门窗嵌板中根据预览图选择合适的嵌板类型，如图2-126所示。
（**提示**：这里是载入幕墙里的门窗嵌板，而不是门族和窗族。）

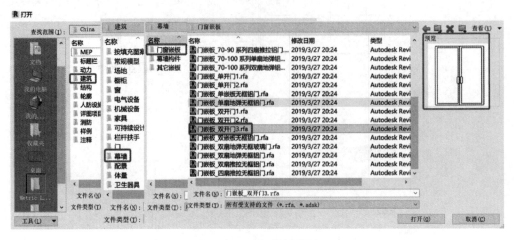

图2-126　选择嵌板类型

然后依次单击"打开""确认"按钮，此时双开门嵌板就已经载入幕墙类型，立面图中的嵌板已经替换，如图2-127所示。

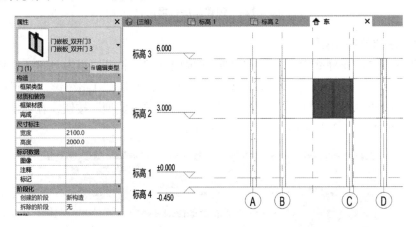

图2-127　完成嵌板替换

切换到三维视图，小别墅首层和二层幕墙布置后的效果如图2-128所示。

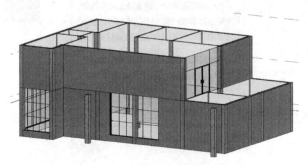

图2-128　幕墙布置后的效果图

2.6 课堂练习3：创建带门窗嵌板的幕墙

按要求建立幕墙模型，尺寸、外观与图2-129所示一致，幕墙竖梃采用50 mm×50 mm矩形，材质为不锈钢，幕墙嵌板材质为玻璃，厚度为20 mm，按照要求添加幕墙门与幕墙窗，造型类似即可。将建好的模型以"幕墙"为文件名保存到考生文件夹中，并将幕墙正视图按图中样式标注后导出CAD图纸，以"幕墙立面图".dwg文件为名，保存到考生文件夹中。

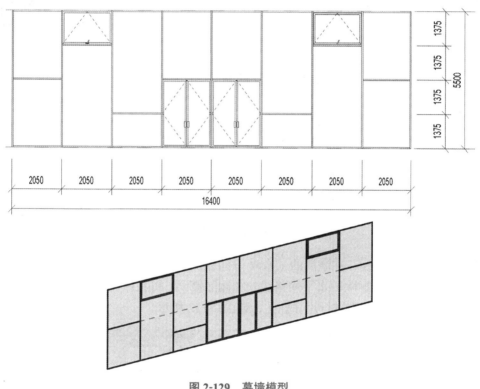

图2-129　幕墙模型

操作1：绘制幕墙

幕墙长度为16 400 mm，高度为5 500 mm。

新建项目，并以"幕墙"为文件名保存文件。先进入立面视图修改标高2为"5.5"，再进入标高1楼层平面视图，执行"建筑"→"构建"→"墙"→"墙：建筑"命令，从"属性"面板的"类型选择器"下拉列表中选择"幕墙"，绘制长度为16 400 mm的幕墙，如图2-130所示。

操作2：添加幕墙网格

进入南立面视图，执行"建筑"→"构建"→"幕墙网格"命令，激活"修改|放置幕墙网格"上下文选项卡，选择"全部分段"绘制网格。竖向网格间距为2 050 mm，水平网格线间距为1 375 mm，临时尺寸不易捕捉，可先大概位置放置，然后逐个单击网格线，修改定位，如图2-131所示。

（提示：单击哪根网格线，修改临时尺寸调整的就是哪根网格线。）

视频：幕墙练习

图 2-130　绘制幕墙

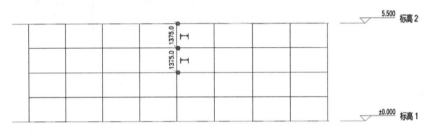

图 2-131　绘制幕墙网格

逐个单击水平网格线，在激活的"修改 | 幕墙网格"上下文选项卡中执行"添加 / 删除线段"命令，单击需要删除的水平网格线。如删除错误，可在原位置处再次单击添加。为了检验绘制是否正确，可先进行尺寸标注，如图 2-132 所示。

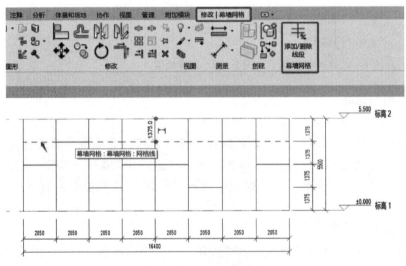

图 2-132　修改幕墙网格

操作 3：添加幕墙竖梃

执行"建筑"→"构建"→"竖梃"命令，在"属性"面板中的"类型选择器"中选择"30 mm 正方形"竖梃类型，单击"编辑类型"按钮，在弹出的"类型属性"对话框中单击"复制"按钮复制一个新的类型，命名为"50 mm 正方形"，再设置相应尺寸及材质参数，单击"确定"按钮，如图 2-133 所示。

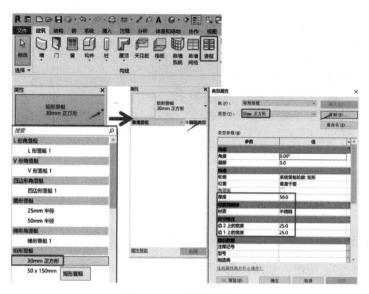

图 2-133　设置竖梃参数

在"修改|放置 竖梃"上下文选项卡中，放置竖梃有 3 种方式，"网格线"（在单击的某条网格线上整条生成竖梃）、"单段线"（在单击的某段网格线上生成竖梃）、"全部网格线"（幕墙上的所有网格线均生成竖梃）。本案例选择"全部网格线"布置竖梃，如图 2-134 所示。

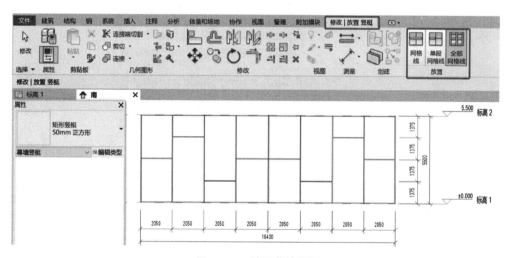

图 2-134　放置幕墙竖梃

操作 4：修改嵌板类型

先修改嵌板为 20 mm 玻璃。框选全部幕墙，在弹出的"修改|选择多个"上下文选项卡下，执行"过滤器"命令，在"过滤器"对话框中只勾选"幕墙嵌板"选项，单击"确定"按钮，如图 2-135 所示。

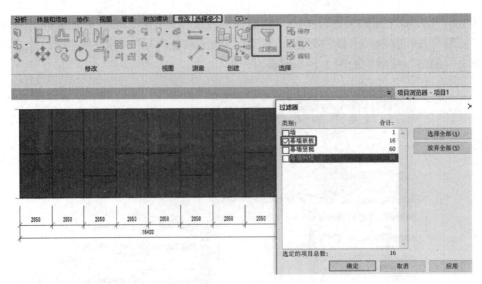

图 2-135　选中所有嵌板

单击"属性"面板中的"编辑类型"按钮，在弹出的"类型属性"对话框中设置材质及厚度，单击"确定"按钮，如图 2-136 所示。

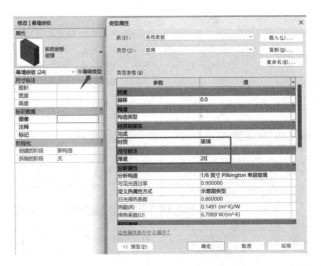

图 2-136　修改嵌板材质及厚度

选中需要替换为上悬窗的两块嵌板，单击"属性"面板中的"编辑类型"按钮，在弹出的"类型属性"对话框中单击"载入"按钮，在弹出的"载入族"对话框找到幕墙门窗嵌板下对应的窗类型，单击"打开"按钮并确认。同样操作替换两扇门，如图 2-137 所示。

操作 5：导出 CAD 图纸

执行"文件"→"导出"命令，选择"CAD 格式"下的"DWG"文件，在弹出的"DWG 导出"对话框中单击"下一步"按钮，如图 2-138 所示。

然后在"导出 CAD 格式"的对话框中设置文件保存路径、文件名、文件类型等参数，单击"确定"按钮，如图 2-139 所示。

（**提示**：建议文件类型选择低版本保存，以免低版本软件打不开；建议取消勾选"将图纸上的视图和链接作为外部参照导出"。)

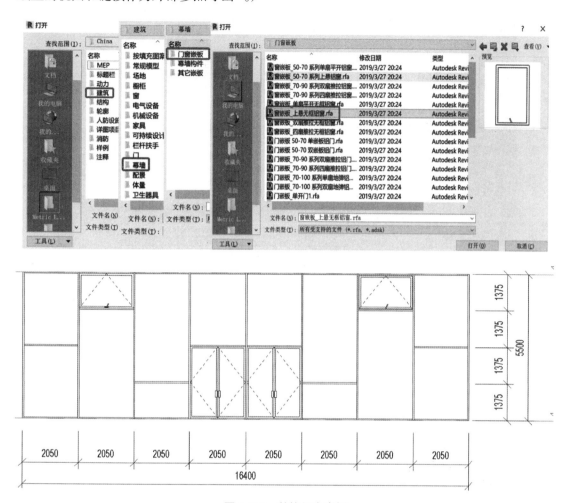

图 2-137　替换门窗嵌板

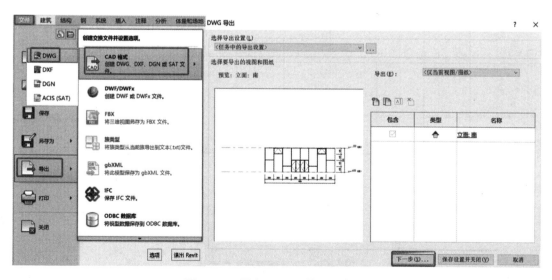

图 2-138　导出 CAD 文件图纸步骤 1

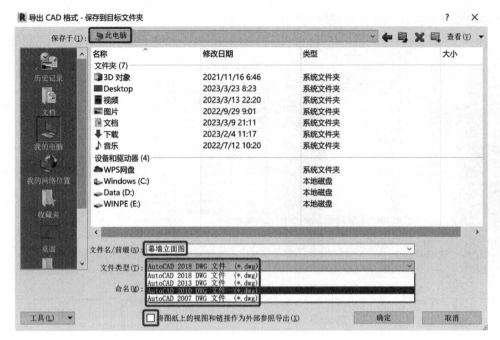

图 2-139　导出 CAD 文件图纸步骤 2

2.7　课后习题

根据给定的北立面和东立面图（图 2-140），创建玻璃幕墙及其水平竖梃模型。将模型文件以"幕墙 .rvt"为文件名保存到考生文件夹中。

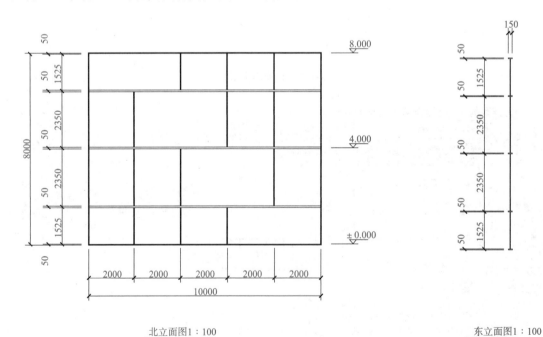

北立面图 1 : 100　　　　　　　　　　　　　　　　　　　　　　　　东立面图 1 : 100

图 2-140　北立面图和东立面图

2.8 岗位任务

根据岗位任务图纸，创建墙体及幕墙。

◎ 小结与自我评价

岗位任务 - 商铺图纸

任务 3 门窗、楼板的绘制与编辑

学习目标

知识目标：

1. 了解门窗类型、构造和建筑楼板的基本构造。

2. 掌握门窗族的正确导入方法，并学会绘制编辑不同类型的门窗。

3. 掌握楼板绘制和编辑的基本方法。

能力目标：

1. 具备使用软件进行绘制门窗、楼板的能力。

2. 具备通过 BIM 职业技能等级考试的能力。

3. 具有借助计算机软件解决实际问题的能力。

素养目标：

1. 培养学生将理论知识综合应用于工程实践的能力，并能独立分析和解决工程实际问题。

2. 培养学生自主学习 BIM 相关知识的能力，养成科学的思维方式，抽象问题形象化。

3. 培养学生具有良好的模型标准意识、建模规范意识，严谨细致的工作态度和工作作风。

任务指引

任务要求	根据课堂案例要求，掌握别墅门窗族导入、门窗编辑、门窗布置、门窗标注、楼板边界线绘制和编辑的方法。结合 BIM 等级考试真题，熟悉考证要求。依据实际项目情况，完成岗位任务
任务准备	1. 了解门窗的类型，楼板的构成。 2. 阅读课堂案例图纸，了解任务要求。 3. 掌握软件的基本操作

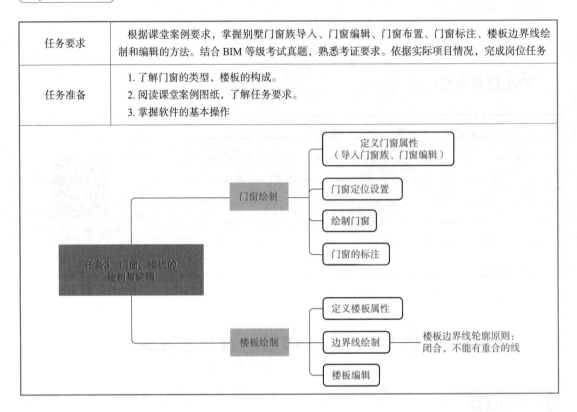

任务反馈

门窗、楼板任务反馈表

序号	任务内容	完成情况	任务分值	评价得分
1	门窗绘制		30	
2	楼板绘制		30	
3	课后习题		15	
4	岗位任务		25	
	合计		100	

思政元素

在墙上凿一扇窗，便开启了一个审美的境界

"在墙上凿一扇窗，便开启了一个审美的境界"这句话出自《中国古窗，穿越千年望见你》。

建筑是一个相对封闭的空间，需要门窗与外界相连，打开成排的隔扇门，即刻，外部空间与内部空间连成一体，毫无界限之感。在这一点上，中国古代建筑以小博大，优于西方古代建筑。社会的多样需求是门窗风格迥异的基础。

门窗开朗敞亮，尽收景观风物。气息流通，景观互借，构成中国古建筑内外交融，使审美过程完全控制在设计者的意图之中。建筑的室内强调情绪氛围；建筑的外观把握整体尊严；通透不隔的门窗成为古代建筑精神展示中最重要的手段。

从窗中窥探自然，似乎一切都是有限的、拘束的，然而，正是这种约束使中国人对自然有了更宽广、更深远的认知，实现了情感与自然的更高层次交流。于中国人而言，中国门窗的美不只是窗棂、窗格之美，更多的是室内外窗景合一，人与自然和谐共生之美。

墙体绘制完成后，即可在墙体内进行门窗绘制。门窗是依附在墙体内的，没有墙体就无法创建门窗，绘制顺序不能颠倒。

3.1 课堂案例：创建小别墅的门窗

题目要求： 按门窗表（表 2-2）尺寸完成门窗绘制。

本项目中门窗较多，此处以双扇木门 M1521 为例进行讲述，其余门窗的创建方法相同，不再详述。

视频：创建门窗

表 2-2　门窗表

类型	设计编号	洞口尺寸 / (mm×mm)	数量
单扇木门	M0820	800 × 2 000	2
	M0921	900 × 2 100	8
双扇木门	M1521	1 500 × 2 100	2
玻璃嵌板门	M2120	2 100 × 2 000	1
双扇窗	C1212	1 200 × 1 200	10
固定窗	C0512	500 × 1 200	2

操作 1：定义门窗属性

通过查阅门窗表、平面图、立面图，确定双扇木门 M1521 为平开门。

进入首层平面图，执行"建筑"→"构建"→"门"命令，"属性"面板的"类型选择器"中无"双扇木质平开门"，需要载入族进行添加。

单击"编辑类型"按钮，弹出"类型属性"对话框，单击"载入"按钮，在"载入族"对话框中依次双击"建筑""门""普通门""平开门""双扇"文件夹，选择"双面嵌板木门1-7"中任一款门均可，如图 2-141 所示。

图 2-141　载入族"双扇木质平开门"

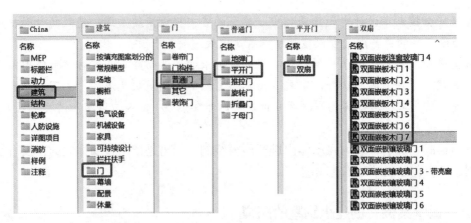

图 2-141　载入族"双扇木质平开门"(续)

在"属性"面板"类型选择器"中选择"双面嵌板木门 1（1500×2100 mm）"，单击"编辑类型"按钮，弹出"类型属性"对话框，修改类型标记为"M1521"，单击"确定"按钮，如图 2-142 所示。

图 2-142　门类型属性的设置

若"属性"面板"类型选择器"中无所需尺寸的门，单击"编辑类型"按钮，弹出"类型属性"对话框，先单击"复制"按钮，在弹出的"名称"对话框对名称进行重命名，修改高度和宽度及类型标记，如图 2-143 所示。

操作 2：绘制门窗

选中"属性"面板定义好的门或窗，对门窗进行标记，单击"修改 | 放置 门"上下文选项卡"标记"面板中的"在放置时进行标记"按钮，如图 2-144 所示。将鼠标光标移动到指定墙体大致位置，按空格键可调整门扇位置，单击鼠标左键完成放置（鼠标光标位于墙体外侧，则门朝墙体外侧开启；反之亦然）。

放置好门窗后，若需要修改门窗的开启方向，可选中门窗，按键盘中的空格键切换方向，或单击双向箭头调整。

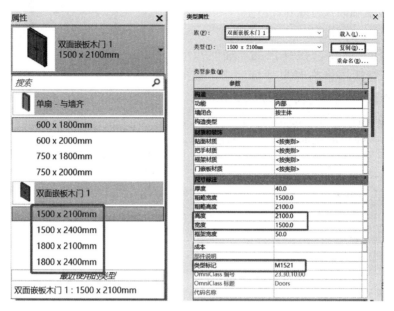

图 2-143　门类型属性的设置

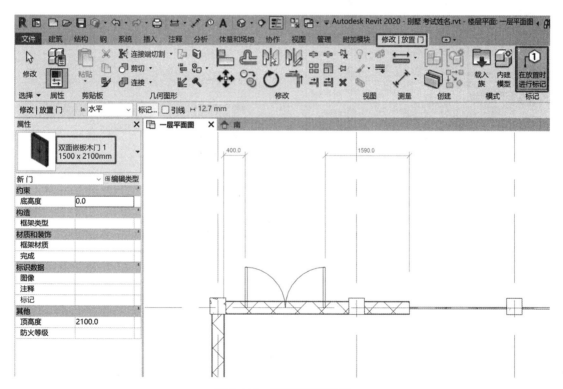

图 2-144　门窗标记的设置

一层平面图中 M1521 左右两端距离②～③轴线均为 550 mm，②轴线与墙中心线重合，单击 M1521 门，弹出临时尺寸，软件默认的临时尺寸标注自"墙 - 核心层的面"至"门窗洞口"，如图 2-145 所示，故需调整临时尺寸边界线，详见操作 3。

操作 3：设置临时尺寸定位

执行"管理"→"设置"→"其他设置"→"临时尺寸标注"命令，在弹出的"临时尺寸标注属性"对话框将临时尺寸标注自"核心层的面"修改为"中心线"，如图 2-146 所示，以实现门窗相对于轴线的精确定位。再次单击 M1521 门，弹出的临时尺寸，如图 2-147 所示。

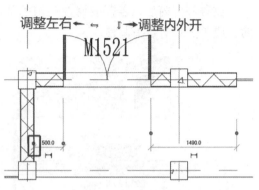

图 2-145　门窗临时尺寸标注起始位（调整前）

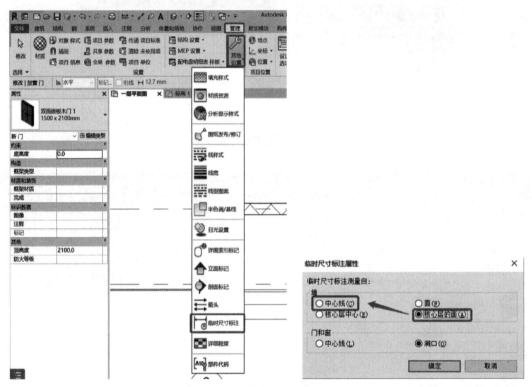

图 2-146　修改临时尺寸标注

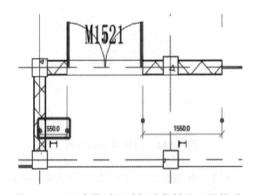

图 2-147　门窗临时尺寸标注起始位（调整后）

操作 4：门窗尺寸标注

门窗创建完成后，可以进行快速门窗尺寸标注。单击快速访问工具栏中的"对齐尺寸标注"，单击选项栏中的"拾取"按钮并选择"整个墙"，再单击"选项"按钮，弹出"自动尺寸标注选项"对话框，设定"洞口"的参照为"宽度"，勾选"相交轴网"选项，如图 2-148 所示，单击"确定"按钮后，直接选中墙体进行门窗尺寸标注，如图 2-149 所示。

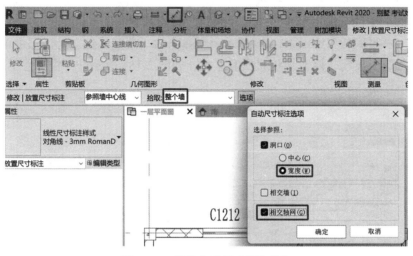

图 2-148 墙体自动尺寸标注设定

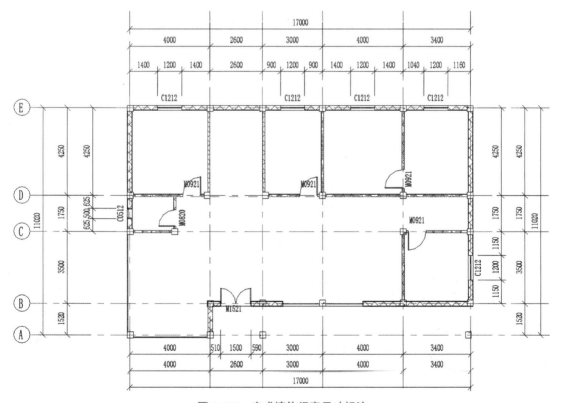

图 2-149 完成墙体门窗尺寸标注

3.2　课堂案例：创建小别墅楼板

题目要求：150 mm 厚混凝土楼板；一楼 450 mm 厚混凝土底板。

一层底板的绘制如下。

操作 1：定义楼板属性

切换到一层平面图，执行"建筑"→"构建"→"楼板"→"楼板：建筑"命令，单击"属性"面板中的"编辑类型"按钮，弹出"类型属性"对话框，单击"复制"按钮，修改名称为"一层底板"，如图 2-150 所示。在弹出的"类型属性"对话框中单击"结构"参数中的"编辑"按钮，修改楼板材质和厚度，如图 2-151 所示。楼板属性定义与墙体相同，此处不再详述。

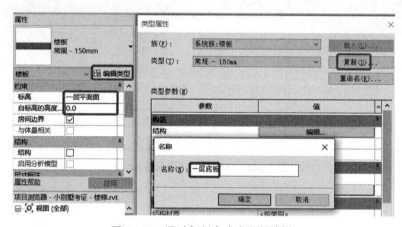

图 2-150　通过复制方式定义新楼板

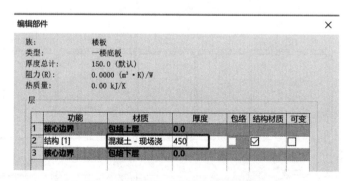

图 2-151　修改一楼底板材质和厚度

操作 2：绘制楼板

楼板边界线的绘制：可通过直线、拾取线、拾取墙、矩形等多种方式创建。

（1）一层底板选择矩形绘制，执行"建筑"→"构建"→"楼板"→"楼板：建筑"命令，在"绘制"面板中选择"矩形"绘制楼板边界线。在选项栏中设置偏移值为 10 mm（外墙面层灰色涂料厚度），按空格键进行偏移方向切换，将楼板的边界线设置在墙核心层外侧边界。将鼠标光标移动到①轴

视频：一层底板的
绘制

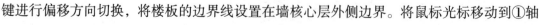

与Ⓔ轴相交处柱角点位置，单击鼠标左键完成矩形第一个对角点的绘制，松开鼠标左键后移动到①轴与Ⓐ轴相交处柱角点位置，再次单击鼠标左键完成矩形第二个对角点的绘制。一层底板的边界线绘制完成，如图 2-152 所示。

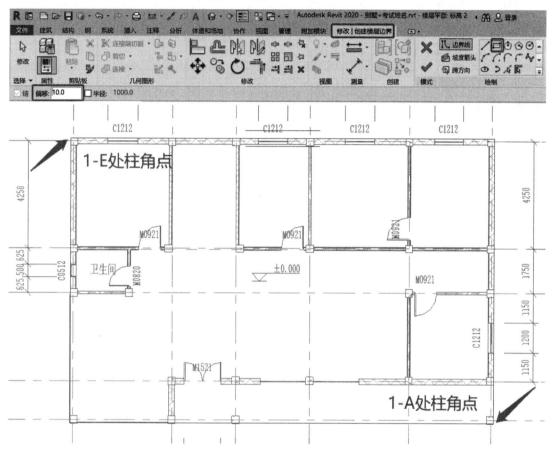

图 2-152　矩形边界线对角点的选择

（2）二层楼板的属性定义同一层底板，楼板厚度改为 150 mm 即可，此处不再详述。

二层楼板的边界线选用"拾取墙"和"拾取线"的方式绘制。

执行"建筑"→"构建"→"楼板"→"楼板：建筑"命令，在"绘制"面板中选择"拾取墙"绘制楼板边界线。在选项栏中勾选"延伸到墙中（至核心层）"选项。把鼠标光标移动到一面外墙处，按"Tab"键进行墙体选择切换，外墙全部被选中且变成蓝色，如图 2-153 所示。单击鼠标左键，确认楼板边界线，如图 2-154 所示。

视频：二层楼板的绘制

本课堂案例中通过"拾取墙"确定的二层楼板边界线不包含阳台位置，可通过调整板边界线或"拾取线"等方式进行修改。此处介绍"拾取线"的操作方法。

单击"绘制"面板中的"拾取线"按钮，将鼠标光标放置于⑥轴外墙处，单击鼠标左键确定一条边界线。单击"修改"面板中的"修剪/延伸为角"，依次点选 4 号线和 5 号线，5 号线和 6 号线完成修剪。再删除 1、2、3 号线，完成二层楼板边界线绘制，如图 2-155 所示。

修剪完成后，单击"模式"绘制面板中的"完成编辑模式"按钮"√"，选择对话框中的"否"，本课堂案例中二层楼板绘制完毕，如图 2-156 所示。

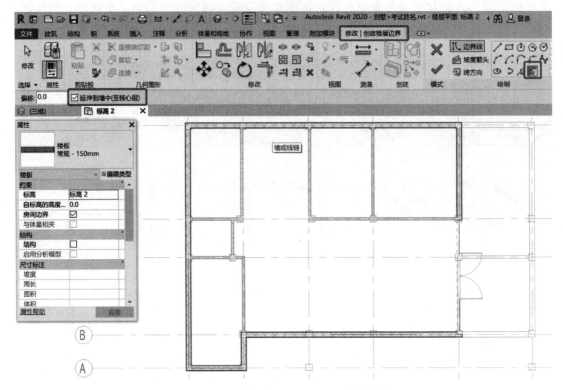

图 2-153　设置选项，按"Tab"键选取外墙

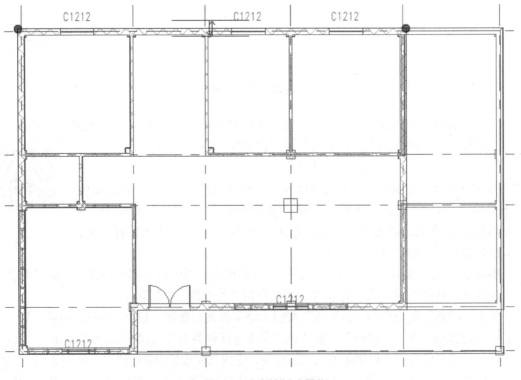

图 2-154　确定楼板边界线

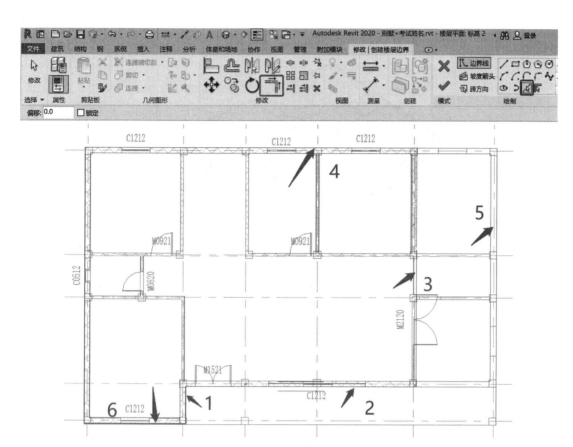

图 2-155　拾取线绘制楼板边界并修改

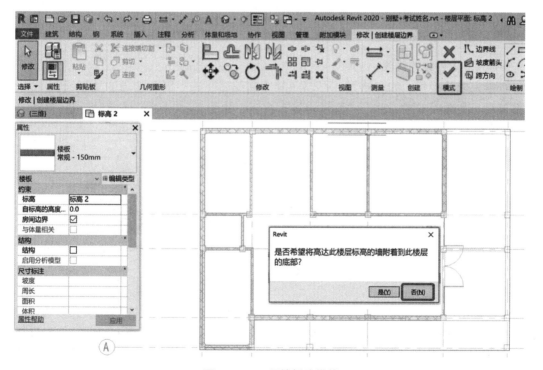

图 2-156　二层楼板边界线

本课堂案例底板、楼板绘制完成后的模型如图 2-157 所示。

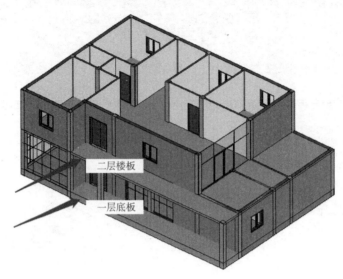

图 2-157　楼板绘制完成后的模型

楼板边界线绘制注意事项如下：

（1）边界线必须首尾相连，形成封闭，且不能有重合线及多余线。

（2）绘制楼板的边界线时，不能拾取外墙面层线作为边界线。

（3）楼板边界线绘制方式有多种，如何选择需结合项目具体情况而定，选择合适的绘制方式，能起到事半功倍的效果。

3.3　编辑楼板

操作 1：边界线的修改

创建完成的楼板，如有错误，可以对其重新编辑。选中需要编辑的楼板，在"修改 | 楼板"上下文选项卡中，单击"编辑边界"按钮，如图 2-158 所示。回到楼板边界线绘制界面，可以对楼板边界线进行修改。

视频：楼板编辑

图 2-158　编辑楼板边界

补充说明：图元选择方式有多种，包括点选、框选、面选、过滤器、按类型选，对于楼板而言，最为快捷的方式是面选。单击"选择"按钮，在下拉列表中勾选"按面选择图元"，或单击右下角状态栏"按面选择图元"按钮，如图 2-159 所示，鼠标左键单击楼板范围内任意区域即可将楼板选中。

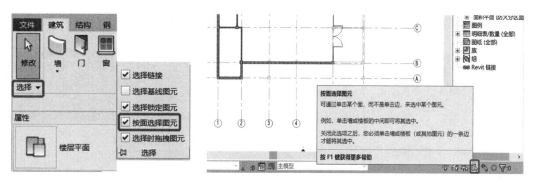

图 2-159　按面选择图元

操作 2：楼板洞口的创建

本案例中二层楼板楼梯处需开设洞口，可通过编辑边界进行修改。

在二层平面视图下，执行"建筑"→"工作平面"→"参照平面"命令，选择"拾取线"方式，设置偏移为 50 mm，将鼠标光标移动到Ⓓ轴，控制好鼠标使鼠标光标往下偏移 50 mm 创建辅助线，如图 2-160 所示。

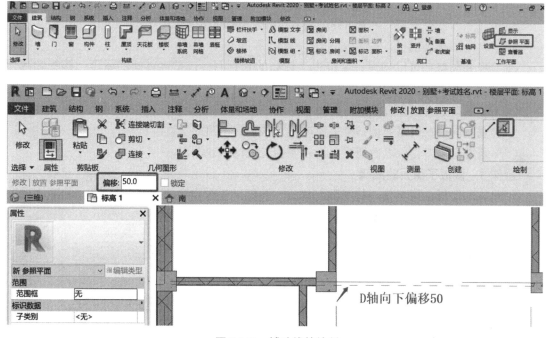

图 2-160　辅助线的绘制

选中二层楼板，执行"修改|楼板"→"编辑边界"命令，选择"矩形"绘制方法，以两面墙核心边界线的交点、墙面核心边界线和辅助线交点为对角点绘制矩形内边界线，如图 2-161 所示，单击"模式"中"完成编辑模式"按钮"√"完成楼梯间洞口的绘制。

楼板洞口还可通过"建筑"→"洞口"创建。

在"建筑"选项卡"洞口"面板中选择合适的开洞方式创建洞口，如图 2-162 所示。

（1）面洞口：可以创建一个垂直于屋顶、楼板或吊顶选定面的洞口。要创建一个垂直于标高（而不是垂直于面）的洞口，使用"垂直洞口"工具。

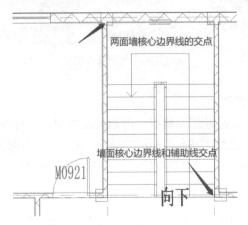

图 2-161 楼梯口洞口边界线的绘制

（2）竖井洞口：可以创建一个跨多个标高的垂直洞口，贯穿其间的屋顶、楼板和吊顶进行剪切。

（3）墙洞口：可以在直墙或弯曲墙中剪切一个矩形口。

（4）垂直洞口：可以剪切一个贯穿屋顶、楼板或吊顶的垂直洞口。

（5）老虎窗洞口：可以剪切屋顶，以便为老虎窗创建洞口。

操作 3：楼板子图元的编辑

创建好的楼板，可对其进行子图元修改，包括"添加点""添加分割线""拾取支座"，如图 2-163 所示。具体操作详见卫生间楼板及任务 6 中散水的创建。

图 2-162 洞口面板   图 2-163 楼板子图元的编辑选项

3.4 课堂练习：创建卫生间楼板

题目要求：根据图 2-164 中给定的尺寸及详图大样新建楼板，顶部所在标高为 0.000，命名为"卫生间楼板"，构造层保持不变，水泥砂浆层进行放坡，并创建洞口。请将模型以"楼板"为文件名保存到考生文件夹中。

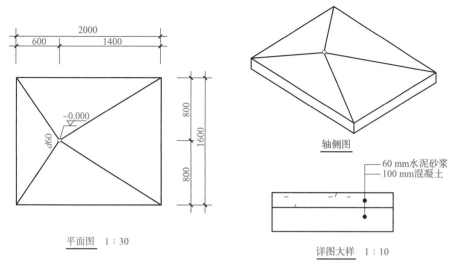

平面图 1 : 30

详图大样 1 : 10

图 2-164 平面图、轴测图及详图大样

操作 1：定义楼板属性

首先，基于"建筑样板"创建一个新的项目，切换到一层平面，执行"建筑"→"构建"→"楼板"→"楼板：建筑"命令，单击"属性"面板中的"编辑类型"按钮，在弹出的"类型属性"对话框中单击"复制"按钮，重命名楼板名称为"卫生间楼板"，如图 2-165 所示。

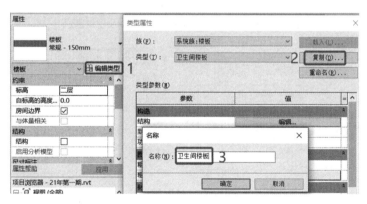

图 2-165 复制方式创建卫生间楼板

重命名完成后，单击"类型属性"对话框"结构"后的"编辑"按钮，弹出"编辑部件"对话框。

在"编辑部件"对话框中原有基础上再插入一层，按照题目要求定义好楼板的厚度和材质，如图 2-166 所示。

操作 2：绘制楼板

在一层平面图内绘制一块长为 2 000 mm、宽为 1 600 mm 的楼板，完成编辑模式。

操作 3：编辑楼板

执行"建筑"→"工作平面"→"参照平面"命令，通过拾取线方式绘制辅助线，如图 2-167 所示。在选项栏设置偏移量为 600 mm，将鼠标光标放置在楼板左边线往右侧偏移

101

600 绘制第一条辅助线；选项栏偏移量设置为 800 mm，将鼠标光标放置在楼板上边线往下侧偏移 800 绘制第二条辅助线，如图 2-168 所示。两条辅助线交点即洞口所在位置。

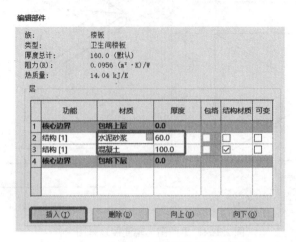

图 2-166 修改卫生间楼板材质和厚度

图 2-167 拾取线方式绘制辅助线

视频：创建卫生间
楼板

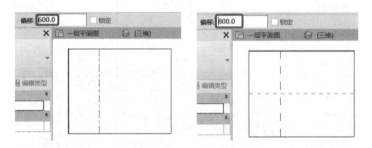

图 2-168 绘制辅助线

选中创建好的楼板，单击"添加点"按钮，将鼠标光标移动到两条辅助线交点处，单击鼠标左键，完成点的绘制。单击"修改子图元"按钮，如图 2-169 所示鼠标左键单击刚创建的点，将其标高修改为"-20"。

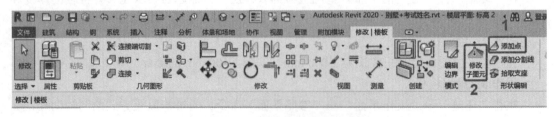

图 2-169 添加点并修改相对标高

图 2-169　添加点并修改相对标高（续）

执行"建筑"→"洞口"→"竖井"命令，在"修改 | 创建竖井洞口草图"上下文选项卡"绘制"面板中选择"圆"绘制命令，在上述交点开设一个半径为 30 mm 的下水孔，可通过拖动"竖井"使其穿越楼板，完成对楼板的开洞设置，如图 2-170 所示。

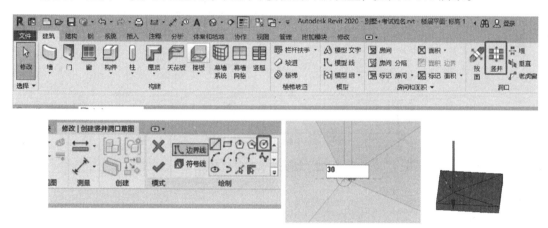

图 2-170　使用"竖井"方式开洞

执行"视图"→"创建"→"剖面"命令，在水平辅助线处绘制剖切线 1—1，如图 2-171 所示。

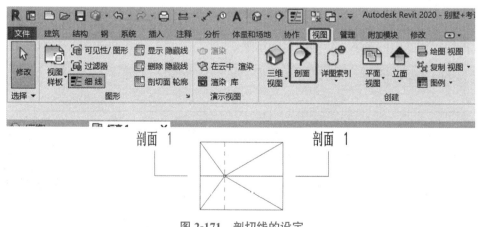

图 2-171　剖切线的设定

双击剖切线后进入 1—1 剖面图，可见下水孔处楼板底不平整，故需调整。选中楼板，单击"属性"面板中的"编辑类型"按钮，在弹出的"类型属性"对话框中单击"结构"后的"编辑"按钮，在弹出的"编辑部件"对话框中，勾选水泥砂浆层的可变设置，下水孔处楼板底变平整，如图 2-172 所示。

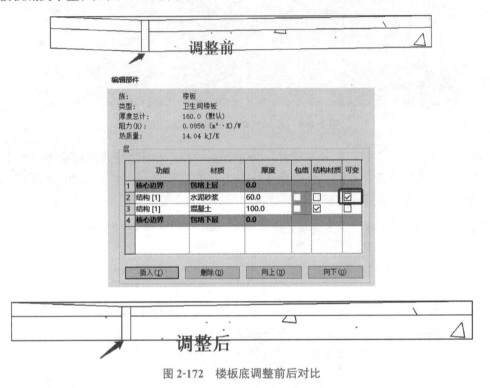

图 2-172　楼板底调整前后对比

3.5　课后习题

（1）完成别墅项目其他门窗的绘制。

（2）重新定义二层楼板，板厚 200 mm，其中混凝土厚 150 mm，水泥砂浆 50 mm。

3.6　岗位任务

根据岗位任务图纸要求，绘制门窗和楼板。

◎小结与自我评价

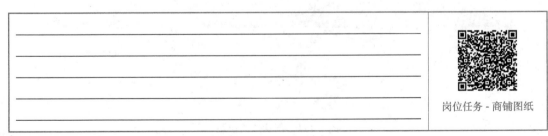

岗位任务 - 商铺图纸

任务4 楼梯（栏杆）的绘制与编辑

◈ 学习目标

知识目标:

1. 了解楼梯、栏杆扶手的基本构造和类型。

2. 掌握楼梯、栏杆扶手的绘制方法。

能力目标:

1. 具备使用软件进行绘制楼梯、栏杆扶手的能力。

2. 具备通过 BIM 职业技能等级考试的能力。

3. 具有借助计算机软件解决实际问题的能力。

素养目标:

1. 培养学生将理论知识综合应用于工程实践的能力，并能独立分析和解决工程实际问题。

2. 培养学生自主学习 BIM 相关知识的能力，养成科学的思维方式，抽象问题形象化。

3. 培养学生具有良好的模型标准意识、建模规范意识，严谨细致的工作态度和工作作风。

🔍 任务指引

任务要求	根据课堂案例要求，掌握别墅楼梯属性定义、梯段绘制、楼梯洞口开设、楼梯栏杆扶手编辑、阳台栏杆扶手路径绘制和编辑、弧形楼梯等方法。结合 BIM 等级考试真题，熟悉考证要求。依据实际项目情况，完成岗位任务
任务准备	1. 了解楼梯、栏杆扶手的类型和构成。 2. 阅读课堂案例图纸，了解任务要求。 3. 掌握软件的基本操作

```
                                    ┌─ 定义楼梯属性
                          ┌─ 楼梯绘制 ┤─ 绘制楼梯
                          │          │─ 楼板开洞
任务4 楼梯（栏杆）─────────┤          └─ 编辑栏杆扶手
      的绘制与编辑         │
                          └─ 栏杆扶手绘制 ┌─ 定义阳台栏杆扶手属性
                                        └─ 路径绘制 ── 栏杆扶手路径原则：连续，不能有重合的线
```

任务反馈

楼梯（栏杆）任务反馈表

序号	任务内容	完成情况	任务分值	评价得分
1	楼梯绘制		30	
2	弧形楼梯绘制		20	
3	栏杆扶手绘制		10	
4	课后习题		15	
5	岗位任务		25	
合计			100	

思政元素

欲穷千里目，更上一层楼

"欲穷千里目，更上一层楼。"出自唐代王之涣的《登鹳雀楼》："白日依山尽，黄河入海流。欲穷千里目，更上一层楼。"

释义：要想看到无穷无尽的美丽景色，应当再登上一层楼。人想要取得更大的成功，就要付出更多的努力；要想在某一个问题上有所突破，可以在一个更高的角度审视它；也表达了只有积极向上才能高瞻远瞩。

梯子，给人支撑、助人向上，使人登高望远，助力人们实现伟大理想，自己却无怨无悔。多数情况下人们很少注意它，有时似乎不经意间才会发现它的重要作用。这种默默无闻助人攀登的品格，是当前时代精神的鲜明特质。要弘扬这种梯子精神，体会梯子的朴实、淡然，领悟人梯的品质、境界，愿为他人作嫁衣，甘当人梯终不悔。

4.1 课堂案例：创建小别墅楼梯

题目要求：从相关图纸可以看到，楼梯高度为 3 000 mm，分两跑完成，为标准直线楼梯。梯段宽度为 1 200 mm，踢面数为 20 个，实际踏板深度为 300 mm，梯段起点在Ⓓ轴下方 50 mm 处，楼梯类型和栏杆扶手类型不做要求。

操作 1：定义楼梯属性

切换到一层平面，执行"建筑"→"楼梯坡道"→"楼梯"命令，在"属性"面板"类型选择器"中选择"现场浇注楼梯整体浇筑楼梯"，底部标高和顶部标高分别为标高 1 和标高 2，所需踢面数为 20 个，实际踏板深度设定为 300 mm，如图 2-173 所示。

操作 2：绘制楼梯

执行"工作平面"面板→"参照平面"命令，选定"拾取线"方式，设置偏移为 50 mm，将鼠标光标移动到Ⓓ轴，控制好鼠标光标往下偏移 50 mm 创建辅助线，如图 2-174 所示。

视频：楼梯的绘制

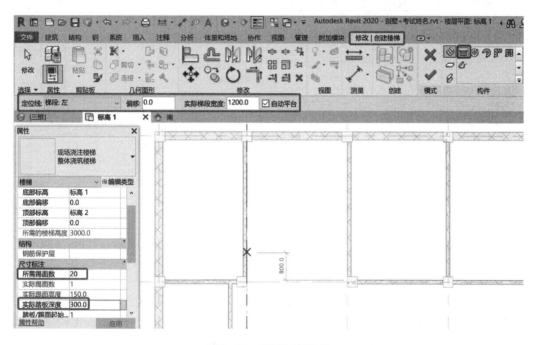

图 2-173　楼梯属性设置

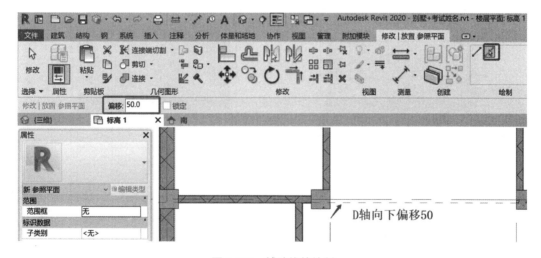

图 2-174　辅助线的绘制

执行"修改|创建楼梯"→"构件"→"梯段"→"直梯"命令，选项栏中"定位线"选择"梯段：左"，以刚才绘制的辅助线和楼梯左侧墙面的交点为起点（梯段绘制顺序由低至高），单击鼠标左键，向上移动鼠标光标至临时尺寸标注为 2 700 时，再次单击鼠标左键，

完成第一段梯段的绘制，如图 2-175 所示。

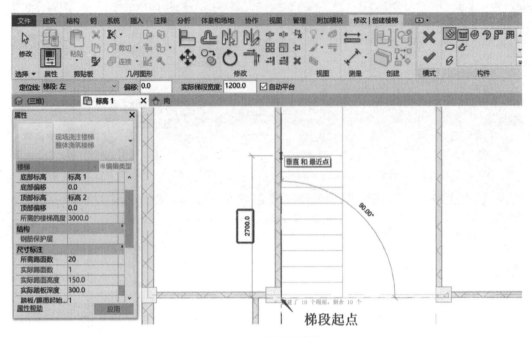

图 2-175　梯段的绘制

采用相同的办法绘制好第二段梯段。梯段绘制完成后，中间休息平台会自动生成。但自动生成的平台边界上端未靠墙，需要进行调整。单击鼠标左键选中平台，出现平台边界拖拽柄。按住鼠标左键拖拽柄，调整平台边界至墙面，如图 2-176 所示。

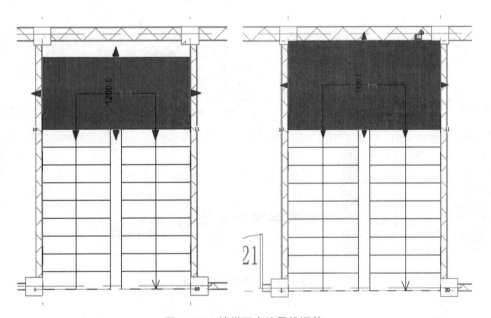

图 2-176　楼梯平台边界线调整

执行"工具"→"栏杆扶手"命令，在弹出的"栏杆扶手"对话框中选择合适类型的栏杆扶手，如图 2-177 所示。单击"模式"面板的"完成编辑模式"按钮"√"，完成楼梯的绘制。

图 2-177　栏杆扶手的选择

操作 3：编辑栏杆扶手

在二层平面内，选择楼梯梯井处栏杆扶手，激活"修改 | 栏杆扶手"上下文选项卡，单击"模式"面板的"编辑路径"按钮，如图 2-178 所示。

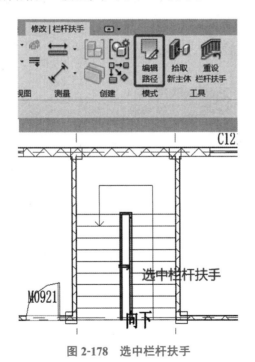

图 2-178　选中栏杆扶手

在"绘制"面板中选择"拾取线"，设置偏移值为 50 mm，将鼠标光标移动到辅助线，向下偏移 50 mm 绘制出栏杆扶手路径，如图 2-179 所示。注意补绘的二层栏杆线不能与一楼栏杆线相交，且原有栏杆线不能编辑修改。

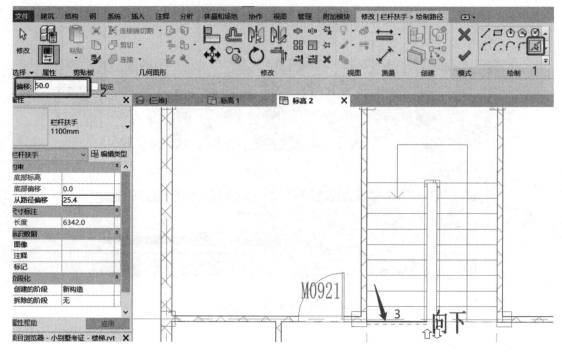

图 2-179　绘制新的栏杆扶手路径

单击"修改"面板中的"修剪/延伸为角"按钮，点选图 2-180 箭头所指的两条边界线延伸为角，单击"模式"面板的"完成编辑模式"按钮"√"完成栏杆扶手的编辑。楼梯外围的栏杆扶手，选中后直接删除即可。完成的楼梯如图 2-181 所示。

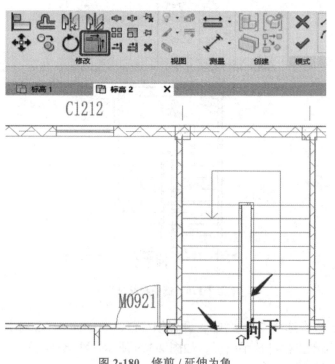

图 2-180　修剪/延伸为角

图 2-181 完成的楼梯

4.2 课堂练习：弧形楼梯

题目要求：按照给出的弧形楼梯平面图和立面图（图 2-182），创建楼梯模型，其中楼梯宽度为 1 200 mm，所需踢面数为 21，实际踏板深度为 260 mm，扶手高度为 1 100 mm，楼梯高度参考给定标高，其他建模所需尺寸可参考平、立面图自定。

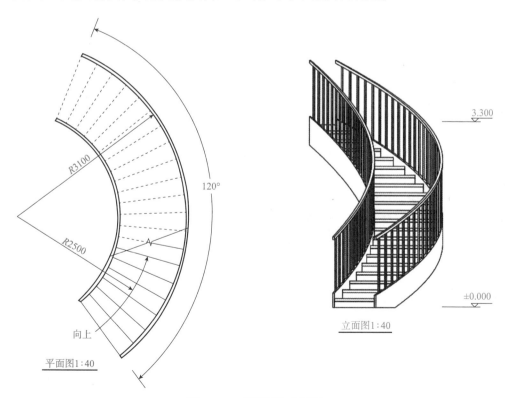

图 2-182　平面图和立面图

操作步骤：

新建建筑项目，打开立面视图，修改标高 2 的标高值为 3.3 m，进入标高 1 平面视图，进行弧形楼梯的创建。

为了更准确地绘制楼梯，需要利用参照平面绘制辅助线，构建一个 120° 的角度。在标高 1 平面视图下，单击"工作平面"面板中的"参照平面"按钮，绘制一条水平辅助线，再绘制一条辅助线与之成 60° 夹角，如图 2-183 所示。

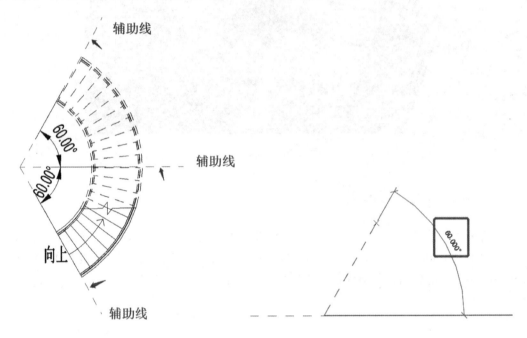

图 2-183　辅助线的绘制

选中这条辅助线，执行"修改"→"镜像 - 拾取轴"命令，创建另外一条辅助线，这样就构建了成 120° 夹角的两条辅助线，如图 2-184 所示。

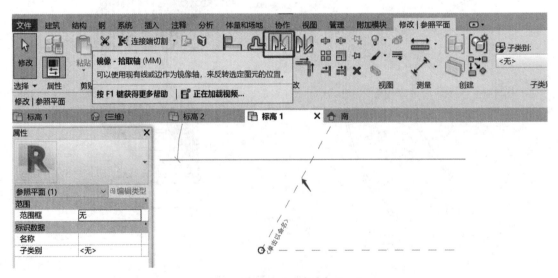

图 2-184　辅助线的绘制

执行"建筑"→"楼梯坡道"→"楼梯"命令，在"属性"面板中设置楼梯属性，如图 2-185 所示。执行"构件"→"创建草图"命令绘制楼梯，首先绘制边界，选用"圆心 - 端点弧"绘制方式，如图 2-186 所示，分别绘制两段半径为 1 900 mm 和 3 100 mm 的边界线，如图 2-187 所示。

图 2-185 楼梯属性设置

图 2-186 选择草图绘制方式

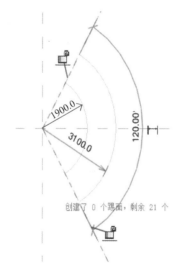

创建了 0 个踢面，剩余 21 个

视频：创建弧形楼梯

图 2-187 绘制弧形边界线

然后绘制踢面线，选择直线方式绘制第一条踢面线，如图 2-188 所示。执行"旋转"命令，勾选选项栏"复制"选项，角度设置为 6°（120°/20=6°），绘制第二个踢面线，如图 2-189 所示。每次旋转都需要将旋转点拖动到辅助轴线交点，如图 2-190 所示。依次旋转后即可绘制好 21 个踢面线，如图 2-191 所示。

图 2-188 选择直线绘制第一条踢面线

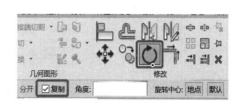

图 2-189 通过带复制旋转创建其他踢面线

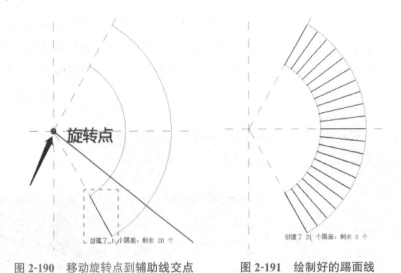

图 2-190　移动旋转点到辅助线交点　　　　图 2-191　绘制好的踢面线

最后绘制楼梯路径线，选择"圆心 - 端点弧"绘制，如图 2-192 所示。弧形楼梯路径半径为 2 500 mm，绘制完成后，如图 2-193 所示。单击"模型"面板的"完成编辑模式"按钮"√"后完成楼梯草图的绘制，选择"工具"面板中的"栏杆扶手"，设置栏杆扶手类型为 1 100 mm，位置为梯边梁，最后单击"模式"面板的"完成编辑模式"按钮"√"完成弧形楼梯的绘制，如图 2-194 所示。完成后的楼梯如图 2-195 所示。

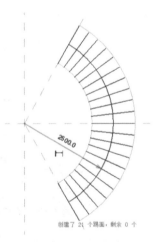

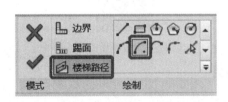

图 2-192　选择圆心 - 端点弧绘制楼梯路径　　　图 2-193　绘制好的楼梯草图

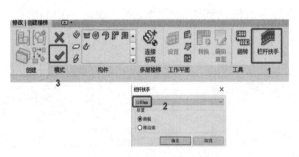

图 2-194　栏杆扶手类型的选择　　　　图 2-195　绘制好的弧形楼梯

4.3 课堂案例：创建阳台栏杆扶手

打开二层平面视图，执行"建筑"→"楼梯坡道"→"栏杆扶手"命令，激活"修改|创建栏杆扶手路径"上下文选项卡，在"绘制"面板中选择"拾取线"绘制方式，设置偏移值为 50 mm，将鼠标光标移动到板边，控制鼠标光标往下方偏移 50 绘制栏杆扶手路径，如图 2-196 所示，依次完成其他路径绘制，如图 2-197 所示，单击"模式"面板的"完成编辑模式"按钮"√"完成平台栏杆扶手的绘制。选中栏杆，在"属性"面板中修改栏杆类型为"玻璃嵌板"，完成后如图 2-198 所示。

注意：栏杆扶手路径必须连续，且不能重合。

图 2-196　拾取线偏移 50 绘制栏杆扶手路径

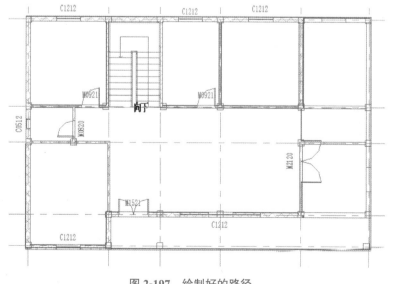

视频：创建
阳台栏杆扶手

图 2-197　绘制好的路径

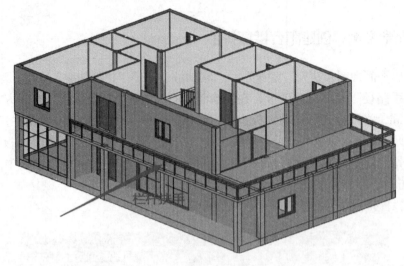

图 2-198 绘制好的栏杆扶手

4.4 课后习题

按照给出的楼梯平面图、剖面图，创建楼梯模型，并参照题中平面图在所示位置建立楼梯剖面模型，栏杆高度为 1 100 mm，栏杆样式不限，结果以"楼梯"为文件名保存。其他建模所需尺寸可参考给定的平、剖面图自定，如图 2-199 所示。

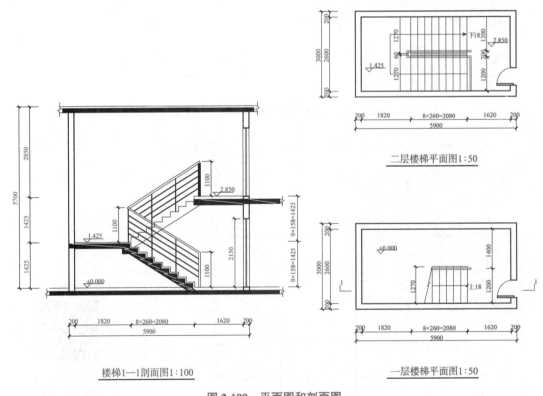

二层楼梯平面图1:50

楼梯1—1剖面图1:100

一层楼梯平面图1:50

图 2-199 平面图和剖面图

4.5 岗位任务

根据岗位任务图纸要求，绘制楼梯及栏杆扶手。

◎ 小结与自我评价

岗位任务 - 商铺图纸

任务 5　屋顶的绘制与编辑

学习目标

知识目标：

1. 了解屋顶类型和构造。
2. 掌握各类屋顶的绘制方法。

能力目标：

1. 具备使用软件进行绘制屋顶的能力。
2. 具备通过 BIM 职业技能等级考试的能力。
3. 具有借助计算机软件解决实际问题的能力。

素养目标：

1. 培养学生将理论知识综合应用于工程实践的能力，并能独立分析和解决工程实际问题。
2. 培养学生自主学习 BIM 相关知识的能力，养成科学的思维方式，抽象问题形象化。
3. 培养学生具有良好的模型标准意识、建模规范意识及严谨细致的工作态度和工作作风。

任务要求	根据课堂案例要求，掌握迹线屋顶、拉伸屋顶、带老虎窗的坡屋顶、圆形屋顶绘制方法。结合 BIM 等级考试真题，熟悉考证要求。依据实际项目情况，完成岗位任务
任务准备	1. 了解屋顶的类型和构成。 2. 阅读课堂案例图纸，了解任务要求。 3. 掌握软件的基本操作

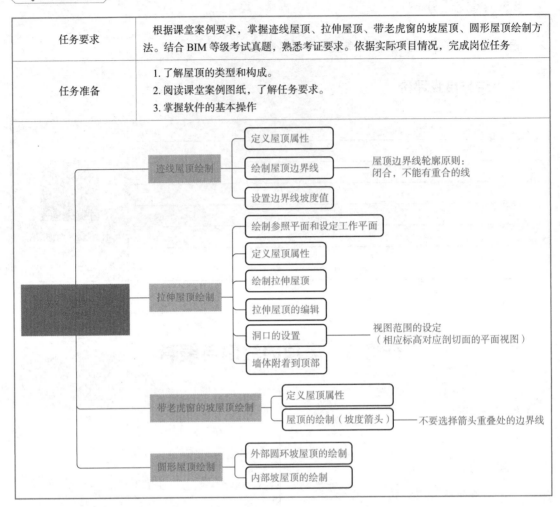

迹线屋顶绘制
- 定义屋顶属性
- 绘制屋顶边界线 —— 屋顶边界线轮廓原则：闭合，不能有重合的线
- 设置边界线坡度值

拉伸屋顶绘制
- 绘制参照平面和设定工作平面
- 定义屋顶属性
- 绘制拉伸屋顶
- 拉伸屋顶的编辑
- 洞口的设置 —— 视图范围的设定（相应标高对应剖面切面的平面视图）
- 墙体附着到顶部

带老虎窗的坡屋顶绘制
- 定义屋顶属性
- 屋顶的绘制（坡度箭头）—— 不要选择箭头重叠处的边界线

圆形屋顶绘制
- 外部圆环坡屋顶的绘制
- 内部坡屋顶的绘制

任务反馈

屋顶任务反馈表

序号	任务内容	完成情况	任务分值	评价得分
1	迹线屋顶绘制		20	
2	拉伸屋顶绘制		15	
3	带老虎窗的坡屋顶绘制		15	
4	圆形屋顶绘制		10	
5	课后习题		15	
6	岗位任务		25	
合计			100	

天人合一

"天地与我并生，而万物与我为一"出自庄子的《庄子·齐物论》。

释义：人类社会与自然世界之间形成协调统一关系，人与自身、人与自然、人与社会以及全世界人类的和谐共生。

屋：《说文》云："屋，居也。""屋"在《汉语大词典》解释为"古代半地穴式屋建筑的顶部覆盖"，范宁注："屋者，主于覆盖。"

顶：《说文》云："顶，颠也。""顶"为物的最上层，前部。如《淮南子》云："今不称九天之顶，则言黄泉之底，是两末之端议，何可以公论乎？"

中国传统建筑屋顶以其独特的形制格局、思想精神而为人瞩目，它们更是"天人合一"思想的再现，"夫大人者与天地合其德，与日月合其明，与四时合其序与鬼神合其吉。先天而天弗违，后天而奉天时"。中国传统文化中天人协调一致的思想，明确要求人们在变化之前对自然加以引导，在变化之后与其适应，从而天随人意，人不违天。

伴随社会文明的发展，天人合一理念也更加成熟、完整、深刻、科学，对当代新发展理念的影响也更加明显，党的二十大报告中明确的中国式现代化特质就蕴含了天人合一理念中仁爱、系统、协调等观点、思路和方法。

5.1 课堂案例：创建小别墅屋顶（按迹线屋顶创建）

题目要求：屋顶100 mm厚混凝土。

本项目屋顶为常规坡屋顶，在Revit软件中，坡屋顶的创建方法与楼板类似，都是通过绘制边界线的方式来绘制。不同之处在于，坡屋顶需要在坡度对应边界线上添加坡度值。

操作1：定义屋顶属性

在"屋顶平面"视图中，执行"建筑"→"构建"→"屋顶"→"迹线屋顶"命令，如图2-200所示。

视频：创建
小别墅屋顶

图 2-200 选择迹线屋顶

单击"属性"面板中的"编辑类型"按钮，在弹出的"类型属性"对话框中通过复制方式创建厚度为 100 mm 的屋顶，如图 2-201 所示。

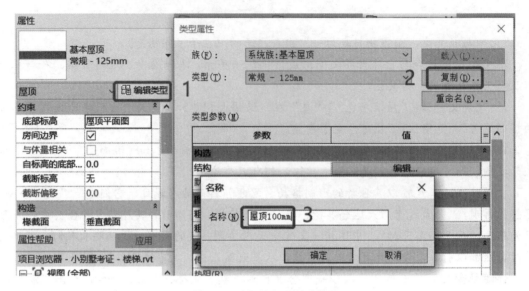

图 2-201 复制方式创建屋顶

单击类型参数中结构的"编辑"按钮，在弹出的"编辑部件"对话框中修改材质为混凝土，厚度为 100 mm，如图 2-202 所示。

操作 2：绘制屋顶边界线

执行"修改|创建屋顶迹线"→"边界线"→"直线"命令，选项栏中默认"定义坡度"勾选，偏移值设为 620 mm，如图 2-203 所示。

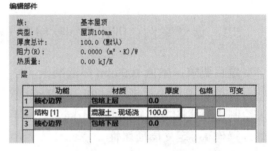

图 2-202 定义屋顶材质和厚度

图 2-203 通过直线偏移绘制屋顶边界线

绘制好屋顶边界线，出现代表坡度的三角形符号。修改"属性"面板中的坡度值，单击"模式"面板中的"完成编辑模式"按钮"√"完成坡屋顶绘制，如图 2-204 所示。

对于个别坡度值不同或无坡度的边界线，双击屋面，单击需要修改坡度的边界线，修改坡度数值，或修改"属性"面板中"坡度"值，如图 2-205 所示。

如需对屋顶进行修改，选中屋顶，单击"模式"面板中的"编辑迹线"可对屋顶边界线、坡度值、类型进行修改。完成后的屋顶如图 2-206 所示。

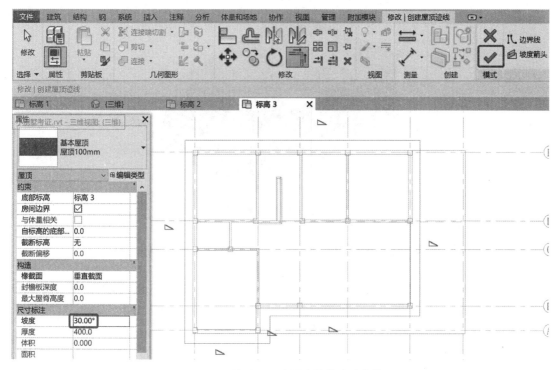

图 2-204　绘制屋顶边界线并修改坡度值

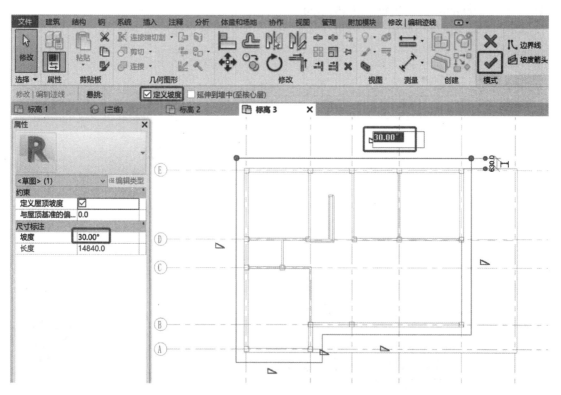

图 2-205　屋顶边界线坡度值的设定

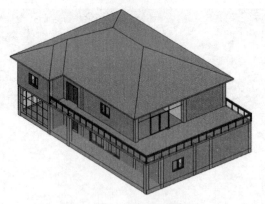

图 2-206　创建好的屋顶

5.2　课堂练习1：创建拉伸屋顶

题目要求：根据给出的平面图（图 2-207）、立面图（图 2-208）、三维图，建立房子的模型。

（1）按照给出的平面图、立面图要求，绘制轴网及标高，并标注尺寸。

（2）按照轴线创建墙体模型，其中内墙厚度均为 200 mm，外墙厚度均为 300 mm。

（3）按照图纸中的尺寸在墙体中插入门和窗，其中门的型号为 M0820、M0618，尺寸分别为 800 mm×2 000 mm，600 mm×1 800 mm；窗的型号为 C0912、C1515，尺寸分别为 900 mm×1 200 mm，1 500 mm×1 500 mm。

（4）所示屋顶分为两层，总厚度为 400 mm，其中混凝土厚度为 300 mm，瓦片厚度为 100 mm。

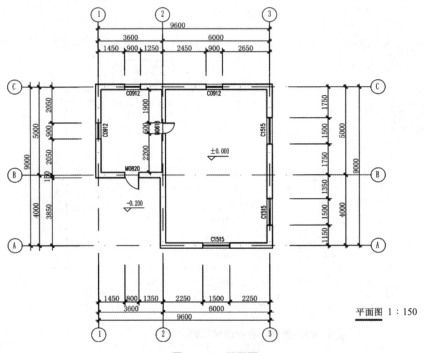

视频：创建拉伸屋顶

图 2-207　平面图

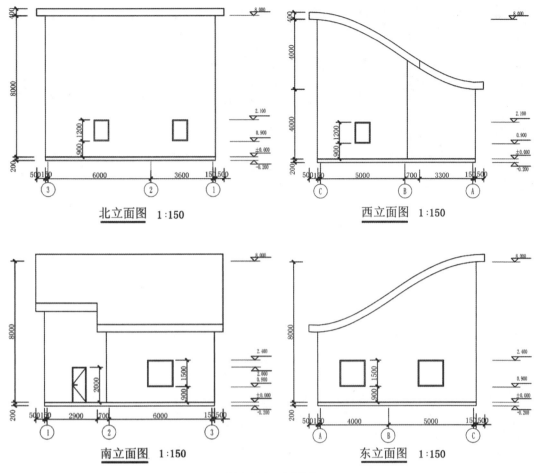

图 2-208　立面图

从图纸的东、西立面图中可以看出，该项目的屋顶是一个曲线屋顶，用迹线屋顶来绘制显然不行，这里需要通过拉伸屋顶来绘制。接下来介绍拉伸屋顶的操作步骤。

项目的标高、轴网、墙体、门窗此处不再详述，模型如图 2-209 所示。

操作 1：绘制参照平面和设定工作平面

在"标高 2"楼层平面视图下，执行"建筑"→"工作平面"→"参照平面"命令，在"绘制"面板中选择"拾取线"基于外墙面偏移 500 mm 创建参照平面，如图 2-210 所示。执行"修改"→"修剪/延伸为角"命令，对初始辅助线进行修剪。

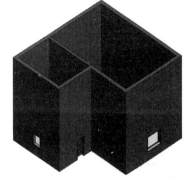

图 2-209　已建好的部分建筑模型

执行"建筑"→"构件"→"屋顶"→"拉伸屋顶"命令，弹出"工作平面"对话框，点选"拾取一个平面"，单击"确定"按钮，选取右边的参照平面为工作平面，如图 2-211 所示。

在弹出的"转到视图"对话框中选择"立面：西"或"立面：东"，如图 2-212 所示。

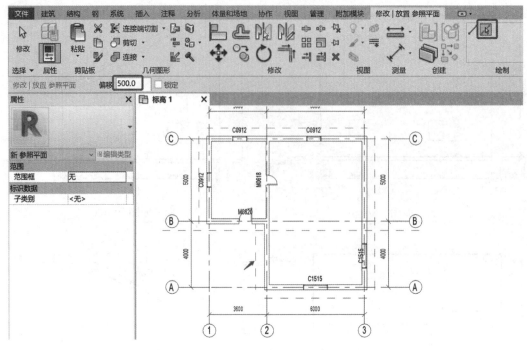

图 2-210　绘制参照平面

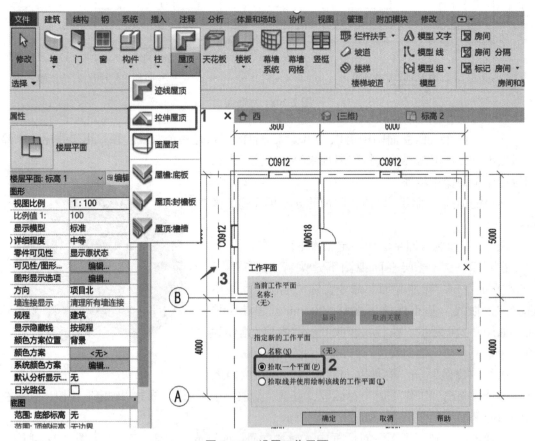

图 2-211　设置工作平面

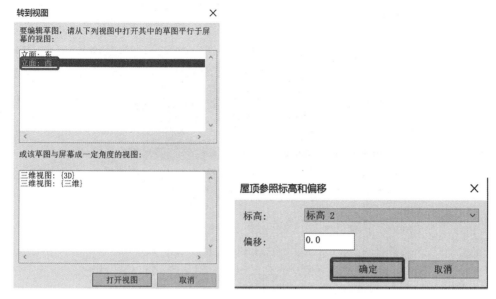

图 2-212 设置工作平面

操作 2：定义屋顶属性

单击"属性"面板中的"编辑类型"按钮，在弹出的"类型属性"对话框中单击"类型参数"中"结构"的"编辑"按钮，弹出"编辑部件"对话框，设定屋顶材质为混凝土和瓦片，厚度分别为 300 mm 和 100 mm，如图 2-213 所示。

图 2-213 屋顶材质与厚度的设置

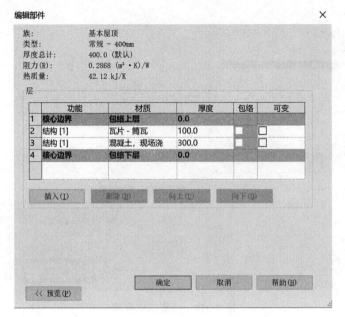

图 2-213   屋顶材质与厚度的设置（续）

操作 3：绘制拉伸屋顶

在"绘制"面板中选择"起点‐终点‐半径弧"，本题中并未对屋顶曲线半径做要求，可以大致设定半径值，从标高 2 和左侧辅助线的交点出发，连续画两段不同幅度的曲线到右侧辅助线的位置，如图 2-214 所示。单击"模式"面板中的"完成编辑模式"按钮"√"即完成拉伸屋顶，如图 2-215 所示。

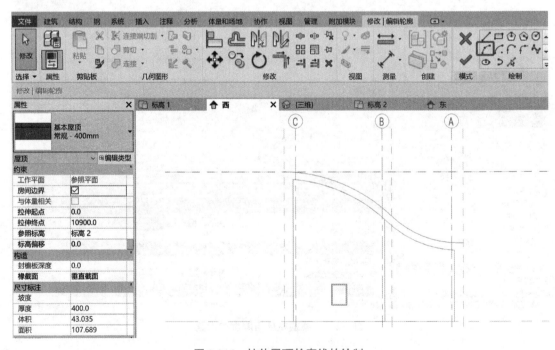

图 2-214   拉伸屋顶轮廓线的绘制

图 2-215 初步完成拉伸屋顶

操作 4：拉伸屋顶的编辑

在"标高 2"楼层平面视图下，可见左侧屋顶边界线未到左侧辅助线处，故还需对屋顶进行拉伸处理。但是此时无法选中屋顶，需要设置视图范围，单击"属性"面板"视图范围"的"编辑…"按钮，在弹出的"视图范围"对话框中将底部偏移设置为 –5 000 mm，如图 2-216 所示。

图 2-216 视图范围的设定

选中屋顶，将鼠标光标移动到屋顶左端造型操纵柄，按住鼠标左键不放，将其拖动到左侧的辅助线上，如图 2-217 所示。

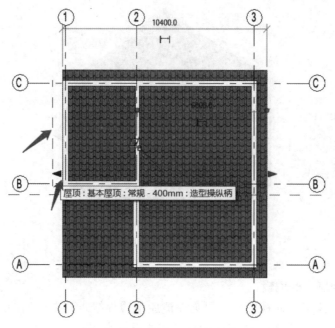

图 2-217　拉伸屋顶到左边辅助线

操作 5：洞口的设置

执行"建筑"→"洞口"→"竖井"命令，在"修改|创建竖井洞口草图"上下文选项卡"绘制"面板选择"矩形"，按照先前设定的辅助线绘制洞口边界线，单击"模式"面板中的"完成编辑模式"按钮"√"。进入"三维"视图，拖动"竖井"上下拖拽柄，贯穿屋面，完成洞口的设置，如图 2-218 所示。

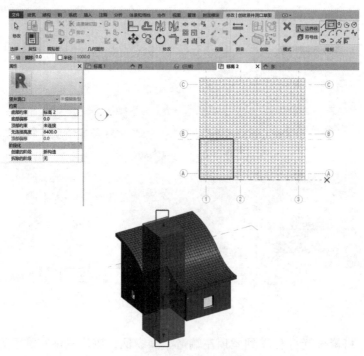

图 2-218　洞口的设置

操作 6：墙体附着到顶部

切换到三维视图，框选所有图元，单击"选择"面板中的"过滤器"按钮，在过滤器框中只选中墙，单击"确定"按钮，如图 2-219 所示。

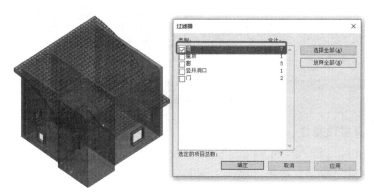

图 2-219　通过过滤器选择墙体

在"修改墙"面板中选择"附着顶部 / 底部"选项，选中已绘制好的屋顶，内外墙体就会自动附着到屋顶的底部，如图 2-220 所示。

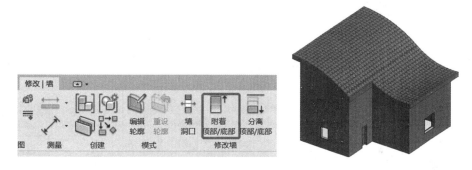

图 2-220　墙体附着到顶部 / 底部

5.3　课堂练习 2：创建带老虎窗的坡屋顶

题目要求：根据图 2-221 中给定的尺寸，创建屋顶模型并设置其材质，屋顶坡度为 30°。

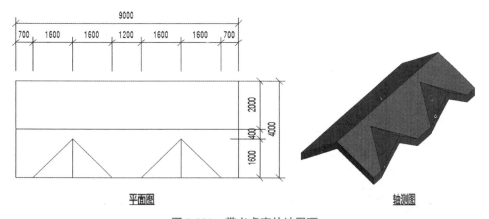

平面图　　　　　　　　　　　　　　　　轴测图

图 2-221　带老虎窗的坡屋顶

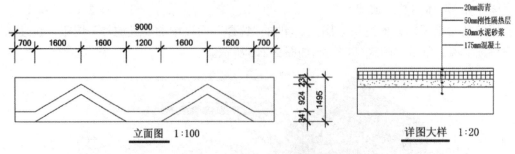

图 2-221　带老虎窗的坡屋顶（续）

操作 1：定义屋顶属性

新建建筑项目，进入"标高 2"楼层平面视图，执行"建筑"→"构建"→"屋顶"→"迹线屋顶"命令，单击"属性"面板中的"编辑类型"按钮，在"类型属性"对话框中单击"重命名"按钮，修改名称为"295 mm 屋顶"。单击类型参数中"结构"的"编辑"按钮，如图 2-222 所示。在弹出的"编辑部件"对话框中编辑屋顶材质和厚度，如图 2-223 所示。

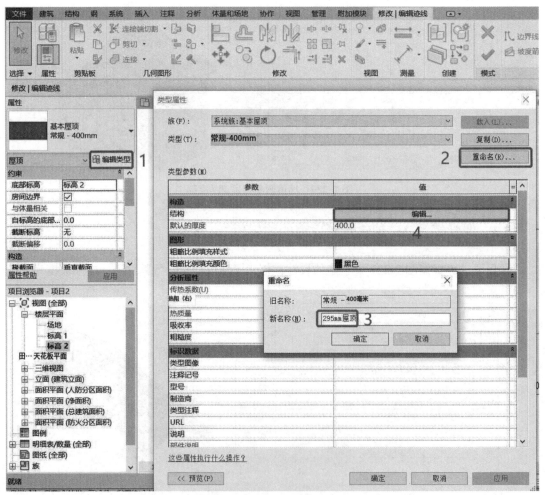

图 2-222　重命名方式创建屋顶类型

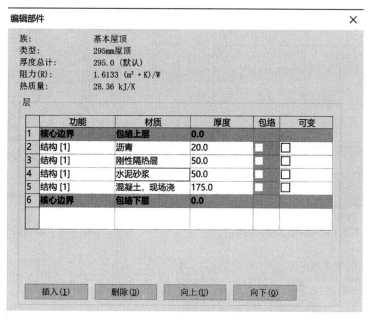

图 2-223　设置屋顶材质和厚度

操作 2：屋顶的绘制

执行"建筑"→"构建"→"屋顶"→"迹线屋顶"命令，在"修改 | 创建竖井洞口草图"上下文选项卡"绘制"面板选择"矩形"，绘制长为 9 000 mm、宽为 4 000 mm 的矩形屋顶边界线，删除下面长边边界线，通过"直线"方式分段绘制 7 段边界线，如图 2-224 所示。按住"Ctrl"键，选中上面长边边界线和下面 1、4、7 段边界线，在"属性"面板中设置坡度值为 30°，其余分界线不要设置坡度值。

在"绘制"面板中选择"坡度箭头"选项，如图 2-225 所示。从屋顶下面长边边界线中第 2 段的左端点画到右端点，第 3 段右端点画到左端点，第 5、6 段与第 2、3 段坡度箭头绘制方法一样，如图 2-226 所示。用鼠标自下而上框选住坡度箭头，如图 2-227 所示（切记：一定不能选择箭头重叠处的边界线，否则将无法操作）。把"属性"面板中"头高度偏移"设置为"924"（924 是从立面图中所获取的信息），如图 2-228 所示。单击"模式"面板的"完成编辑模式"按钮"√"，完成屋顶的绘制。

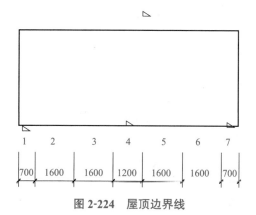

图 2-224　屋顶边界线

图 2-225　选择坡度箭头

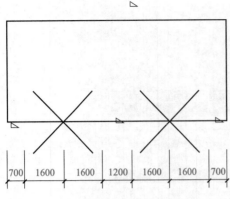

图 2-226　绘制坡度箭头

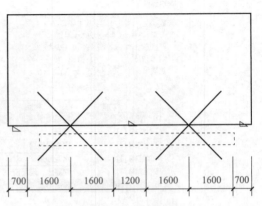

图 2-227　选中坡度箭头

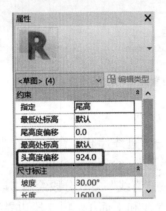

图 2-228　头高度偏移的设置

视频：创建带老虎窗
的坡屋顶

5.4　课堂练习 3：创建圆形屋顶

题目要求：根据图 2-229 中给定的尺寸，创建屋顶模型并设置其材质，屋顶坡度为 30°。

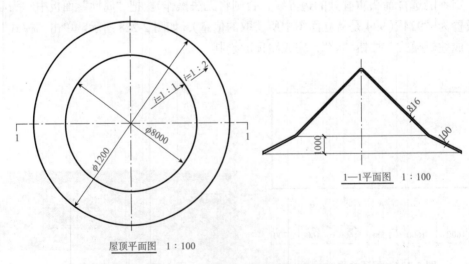

屋顶平面图　1∶100

图 2-229　圆形屋顶平面图和剖面图

该屋顶分为两部分，下部为圆环，坡度 $i=1：2$，厚度为 100 mm；上部为圆锥，坡度 $i=1：1$，厚度为 81.6 mm。在绘制过程中，需分两步独立完成。

操作 1：下部圆环坡屋顶的绘制

新建建筑项目，选择在标高 2 楼层平面来创建屋顶。执行"建筑"→"构建"→"屋顶"→"迹线屋顶"命令，单击"属性"面板中的"编辑类型"按钮，在弹出的"类型属性"对话框中创建厚度为 100 mm 的屋顶，如图 2-230 所示。

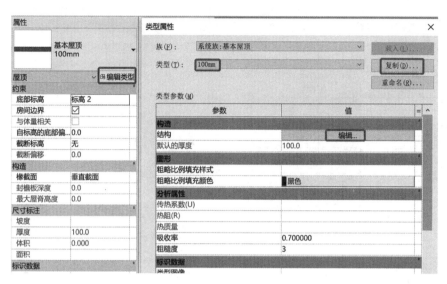

图 2-230　圆环屋顶属性设置

选择"绘制"面板中的"圆"来绘制边界线，外圆半径为 6 000 mm，内圆半径为 4 000 mm，如图 2-231 所示。

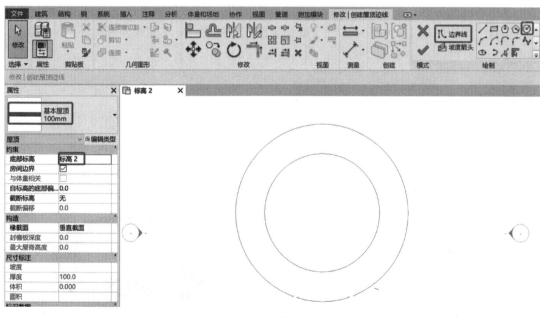

图 2-231　圆形绘制方式

本例题的坡度输入要求按 1：X 比值输入，故需要设置坡度输入方式。执行"管理"→"项目单位"命令，修改坡度里面的"格式"，将默认的"十进制度数"改为"1：比"，如图 2-232 所示。

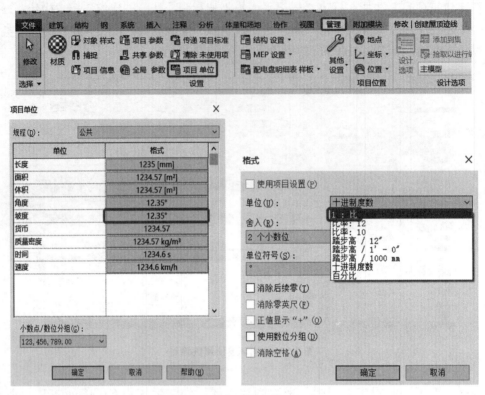

图 2-232　修改坡度输入方式

选中外圆边界线，设定坡度值为"1：2.00"，如图 2-233 所示。选中内圆边界线，取消坡度设置。单击"模式"面板中的"完成编辑模式"按钮"√"完成外部圆环屋顶的创建，如图 2-234 所示。

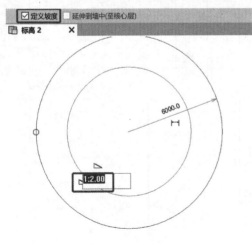

图 2-233　坡度值修改

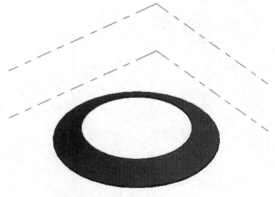

图 2-234　圆环屋顶绘制完成

操作 2：上部坡屋顶的绘制

单击"绘制"面板中的"圆"绘制边界线，半径为 4 000 mm。但发现无法拾取到圆心点，将鼠标光标移动到外圆环部分的任意一个圆上，单击鼠标右键，在弹出的右键快捷键菜单中选中"捕捉替换"里面的"中心"，如图 2-235 所示。把鼠标光标移动到已有的圆边界线上，中心点会出现一个小圆环，此时意味着圆心中点已经被捕捉，如图 2-236 所示。

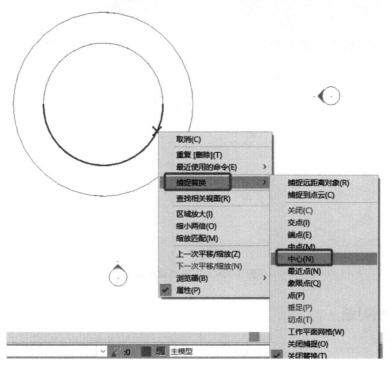

图 2-235　捕捉替换的应用

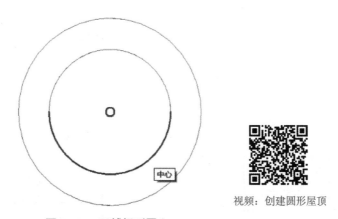

图 2-236　已捕捉到圆心

视频：创建圆形屋顶

单击鼠标左键确定圆心点，绘制半径为 4 000 mm 圆边界线，设置坡度为"1：1"，"属性"面板中选择已定义好的 81.6 mm 厚的屋顶，单击"模式"面板中的"完成编辑模式"按钮"√"完成上部屋顶的创建，如图 2-237 所示。选中上部屋顶，将"属性"面板中的"自标高的底部偏移"设置为 1 000 mm，完成屋顶创建，如图 2-238 所示。

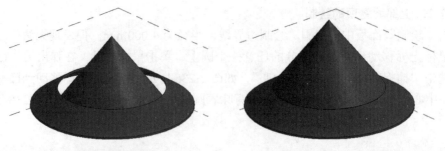

图 2-237 初步完成圆形屋顶　　　　　图 2-238 完成的圆形屋顶

执行"视图"→"剖面"命令，绘制 1—1 剖面线，单击"项目浏览器"中的"剖面"视图，核对完成后的模型是否与题目要求相符合，如图 2-239 所示。

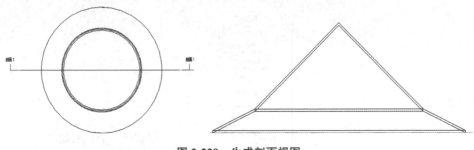

图 2-239 生成剖面视图

5.5 课后习题

按照图 2-240 中平、立面图绘制屋顶，屋顶板厚均为 400 mm，其他建模所需尺寸可参考平、立面图自定。

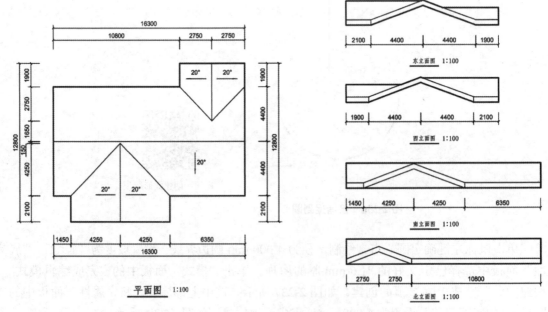

图 2-240 平、立面图

5.6 岗位任务

根据岗位任务图纸要求，绘制屋顶。

◎小结与自我评价

岗位任务 - 商铺图纸

任务6 散水、台阶、坡道的绘制与编辑

学习目标

知识目标：

1. 了解散水、台阶、坡道的基本内容。

2. 掌握各类散水、台阶、坡道的绘制方法。

能力目标：

1. 具备使用软件进行绘制散水、台阶、坡道的能力。

2. 具备通过 BIM 职业技能等级考试的能力。

3. 具有借助计算机软件解决实际问题的能力。

素养目标：

1. 培养学生能将理论知识综合应用于工程实践的能力，能独立分析和解决工程实际问题。

2. 培养学生自主学习 BIM 相关知识的能力，培养科学的思维方式，抽象问题形象化。

3. 培养学生具有良好的模型标准意识、建模规范意识及严谨细致的工作态度和工作作风。

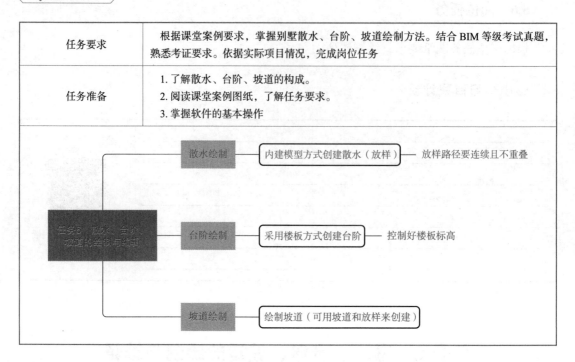

任务指引

任务要求	根据课堂案例要求，掌握别墅散水、台阶、坡道绘制方法。结合 BIM 等级考试真题，熟悉考证要求。依据实际项目情况，完成岗位任务
任务准备	1. 了解散水、台阶、坡道的构成。 2. 阅读课堂案例图纸，了解任务要求。 3. 掌握软件的基本操作

任务6 散水、台阶、坡道的绘制与编辑

- 散水绘制 —— 内建模型方式创建散水（放样）—— 放样路径要连续且不重叠
- 台阶绘制 —— 采用楼板方式创建台阶 —— 控制好楼板标高
- 坡道绘制 —— 绘制坡道（可用坡道和放样来创建）

任务反馈

散水、台阶、坡道任务反馈表

序号	任务内容	完成情况	任务分值	评价得分
1	散水绘制		20	
2	台阶绘制		20	
3	坡道绘制		20	
4	课后习题		15	
5	岗位任务		25	
合计			100	

思政元素

小中见大

"小中见大"出自苏轼的《洞山文长老语录》："古之达人，推而通之，大而天地山河，细而秋毫微尘，此心无所不在，无所不见。是以小中见大，大中见小，一为千万，千万为一，皆心法尔。"

释义：从小的可以看出大的，指通过小事可以看出大节，或通过一小部分看出整体，很多不起眼的小东西作用却非常大。

散水、台阶、坡道是看上去不起眼的构件，但是其作用不能忽视。散水的作用是迅速排走勒脚附近的雨水，避免雨水冲刷或渗透到地基，防止基础下沉，以保证房屋的巩固耐久。面对高差通常有两种解决方式：一种是台阶，一种是坡道。在实际应用中，台阶比坡道节约空间。特别是在相对狭窄和拥挤的场地中，台阶更加容易发挥其优势。

在生活和工作中，要用心对待一切。小中见大，用实际行动去践行，才能真正体会到它的意义，做一个有理想、有担当的人。

6.1 课堂案例：创建小别墅散水

题目要求：散水宽度为 800 mm，另外从⑥～①立面图中可以看到，散水的高度为 100 mm。

创建散水的方法主要有两种：一种是内建模型（内建族）来创建，在后续族的内容中介绍；另一种是通过修改楼板的子图元标高来创建。本课堂案例讲述第二种方法。

视频：创建小别墅散水

操作 1：设定楼板属性

在"标高 1"楼层平面视图下，执行"建筑"→"在建"→"楼板"→"楼板：建筑"命令，在"属性"面板中修改"自标高的高度偏移"为"–350"。单击"编辑类型"按钮，在"类型属性"对话框中复制创建新的楼板，命名为"散水"。执行"类型参数"→"结构"→"编辑"命令，设置材质为混凝土，厚度为 100 mm，并将此层设为"可变"，如图 2-241 所示。

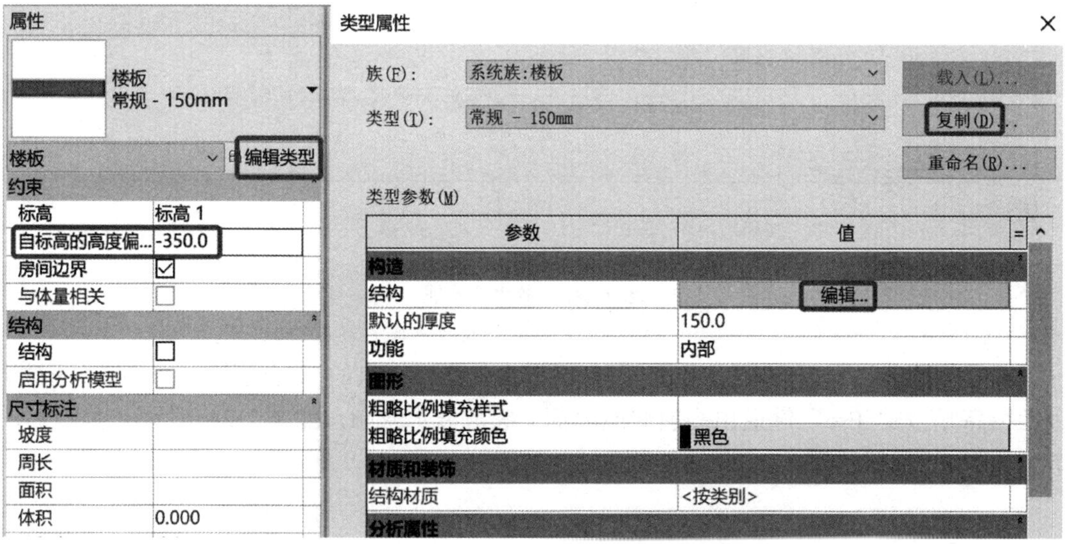

图 2-241　创建散水并设置属性

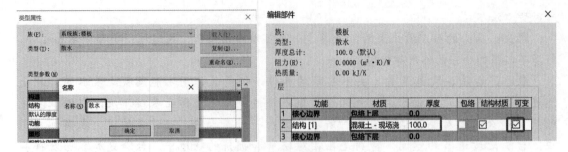

图 2-241　创建散水并设置属性（续）

操作 2：用楼板绘制散水

沿着外墙外边线，绘制 800 mm 宽的楼板边界线，单击"完成编辑模式"按钮"√"确定生成楼板，如图 2-242 所示。

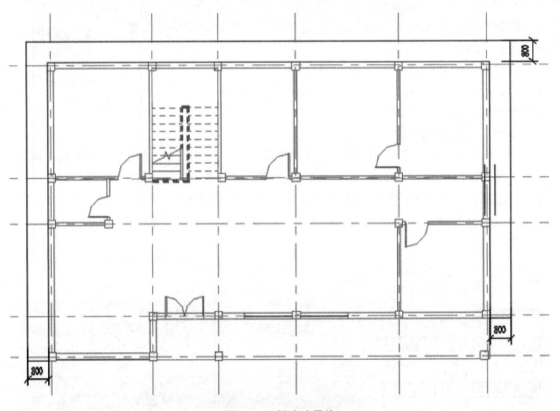

图 2-242　散水边界线

选中"散水"，单击"修改子图元"，将散水外侧四个点的标高改为 −100 mm（相对于板面标高），按"Esc"键退出当前修改界面，完成散水绘制，如图 2-243 所示。完成后的散水如图 2-244 所示。

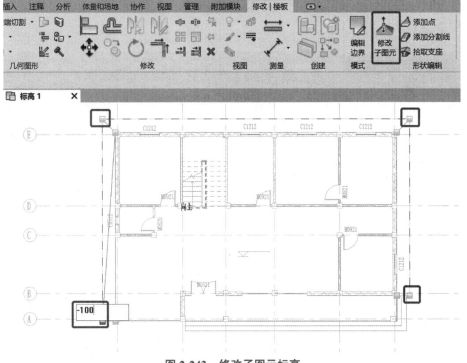

图 2-243 修改子图元标高

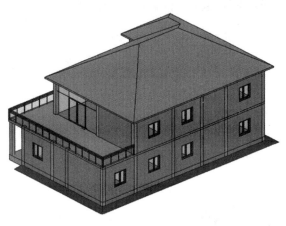

视频：创建小别墅台阶

图 2-244 散水绘制完成后的模型

6.2 课堂案例：创建小别墅台阶

题目要求： 台阶的每个踏步宽度为 300 mm，高度为 150 mm。

台阶的创建可采用内建模型中的放样来创建，或使用楼板的方式来创建。本课堂案例中选用楼板的方式来创建台阶。

在"标高 1"楼层平面视图下，执行"建筑"→"构建"→"楼板"→"楼板：建筑"命令，在"属性"面板中选择厚度为 150 mm 的楼板，修改"自标高的高度偏移"为"-300"。通过绘制面板中的命令，完成第一个踏步绘制，如图 2-245 所示。

在"属性"面板中选择厚度为 150 mm 的楼板，修改"自标高的高度偏移"为

"–150"。通过绘制面板中的命令，完成第二个踏步绘制，如图 2-246 所示。完成后的室外台阶如图 2-247 所示。

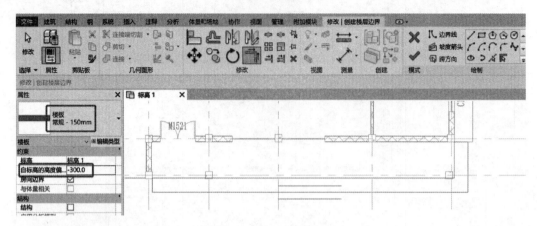

图 2-245　第一个踏步的绘制

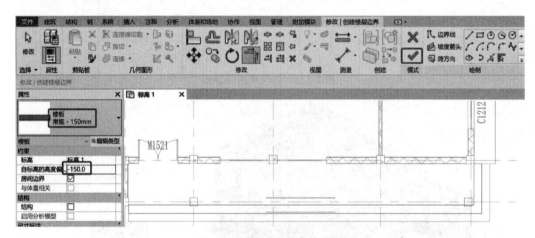

图 2-246　第二个踏步的绘制

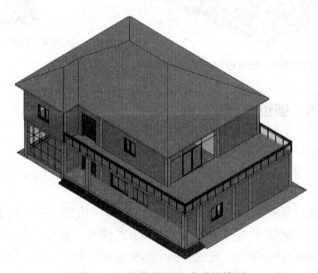

图 2-247　台阶绘制完成后的模型

6.3 课堂案例: 创建坡道

坡道可以参考散水的创建方法,或使用内建模型进行创建,也可选用"建筑"选项卡"楼梯坡道"中的"坡道"来创建,本课堂案例图纸中无坡道,此处只做演示用。在"属性"面板中设置约束标高及坡道宽度,从低向高绘制起止点,绘制坡道长度,如图2-248所示。

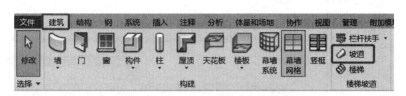

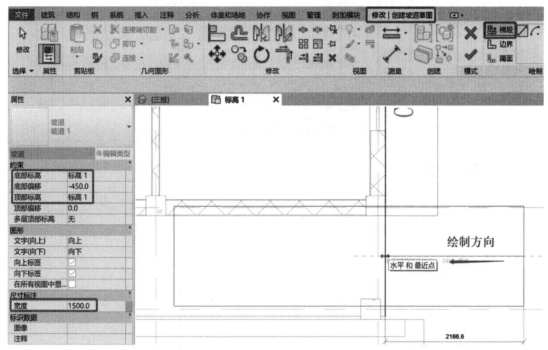

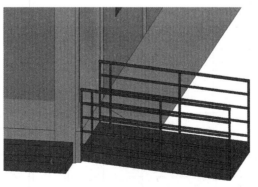

图 2-248 坡道的绘制

选中坡道，单击"属性"面板中的"编辑类型"按钮，选择"实体"，单击"确定"按钮，完成坡道板底调整，如图 2-249 所示。

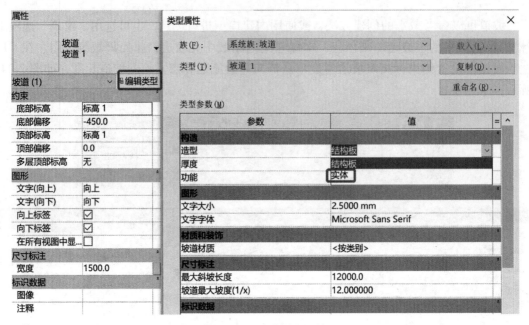

图 2-249　坡道板底调整

6.4　课后习题

重新绘制本课堂案例的散水和台阶，散水材质为混凝土，散水宽为 600 mm，厚为 120 mm；台阶材质为混凝土，踏步高为 150 mm，宽为 350 mm。

6.5　岗位任务

根据岗位任务图纸要求，绘制台阶、散水、坡道。

◎小结与自我评价

岗位任务 - 商铺图纸

任务 7 场地布置

🎯 **学习目标**

知识目标：

1. 了解场地布置所包含的内容及作用。
2. 掌握场地布置的操作方法。

能力目标：

1. 具备使用软件进行场地布置的能力。
2. 具备通过 BIM 职业技能等级考试的能力。
3. 具备借助计算机软件解决实际问题的能力。

素养目标：

1. 培养学生将理论知识综合应用于工程实践的能力，并能独立分析和解决工程实际问题。
2. 培养学生自主学习 BIM 相关知识的能力，养成科学的思维方式，抽象问题形象化。
3. 培养学生具有良好的模型标准意识、建模规范意识及严谨细致的工作态度和工作作风。

🔍 **任务指引**

任务要求	根据课堂案例要求，掌握别墅地形表面、场地构件、建筑地坪的创建方法。结合 BIM 等级考试真题，熟悉考证要求。依据实际项目情况，完成岗位任务
任务准备	1. 了解场地布置的组成及作用。 2. 阅读课堂案例图纸，了解任务要求。 3. 掌握软件的基本操作

任务7　场地布置

- **地形表面**
  - 通过放置点方式生成地形表面（此方法适用于高程点较少的地形）
  - 通过导入等高线DWG图纸创建地形（采用等高线生成的地形精度较高）
  - 通过导入高程点文件创建地形（可通过现场实际测量导出的数据生成高精度的地形数据）
- **场地构件**
  - 添加树木、汽车、体育设施等构件（构件均依赖于项目中载入的构件族）
- **建筑地坪**
  - 建筑地坪
  - 子面域（不能超出建筑地坪范围）

145

场地布置任务反馈表

序号	任务内容	完成情况	任务分值	评价得分
1	创建地形表面		20	
2	创建场地构件		20	
3	创建建筑地坪		20	
4	课后习题		20	
5	岗位任务		20	
合计			100	

思政元素

绿水青山就是金山银山

绿色，象征着生命。绿色发展，是对山川草木生命之演替的期盼，更是对人类经济社会可持续发展的追求。

人与自然两者是生死存亡共同体，倘若人对自然进行毁伤与摧残，那这种重伤便会反噬过来侵害人类自身。这是不可抗拒的定律法则。生态环境没有代用品或替补品，一旦丧失殆尽，就无法再生。

促进人与自然和谐共生是对中华优秀传统生态文化的创造性转化和创新性发展。

7.1 课堂案例：创建别墅地形表面

地形表面是建筑场地地形或地块地形的图形表示，需在三维视图或在"场地"视图中创建。打开"场地"平面视图，执行"体量和场地"→"场地构建"→"地形表面"命令，如图 2-250 所示。

Revit 中有三种方法可创建地形表面，分别可以通过放置点创建地形、导入等高线图纸创建地形，以及指定点文件创建地形。

方法 1：通过放置点方式生成地形表面（此方法适用于高程点较少的地形）。

单击"修改 | 编辑表面"上下文选项卡"工具"面板中的"放置点"按钮，根据图纸所示的高程点输入对应数值，进行放置；输入数值的单位要与 Revit 中设置的单位一致（默认单位为 mm）。本案例中单位为毫米，设置 A（600）、B（−800）、C（−1 200）、D（−1 400）、E（−1 000）、F（800）6 个高程点，放置点的平面位置自定，如图 2-251 所示。

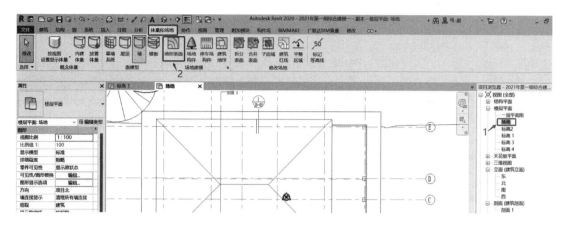

图 2-250　激活"地形表面"绘制命令

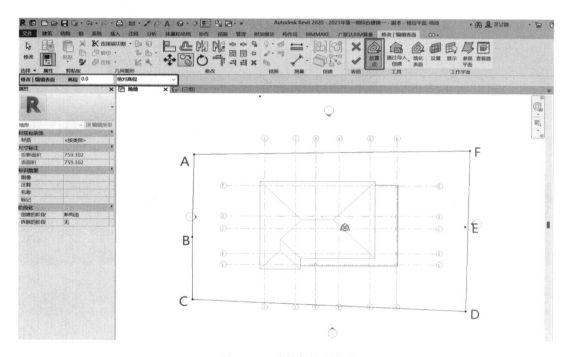

图 2-251　放置点创建地形

若需更改高程点，选中已绘制的地形表面，切换至"修改 | 地形"上下文选项卡，单击"表面"面板中的"编辑表面"，如图 2-252 所示。在"场地"或"三维"视图中单击需要修改的高程点，输入高程值，按"Enter"键，如图 2-253 所示。

若等高线间距太大，则放置好所有点会看不到任何等高线。单击"体量和场地"选项卡"场地建模"面板右下角的斜箭头打开"场地设置"对话框，将间隔调小，如图 2-254 所示。

修改"地形"材质，选中已绘制好的地形表面，执行"属性"→"材质"→"< 按类别 >"命令，在"材料浏览器"对话框中搜索"草"，选中材质"草"，单击"确定"按钮，此时给地形表面添加了草地材质，如图 2-255 所示。场地设置完成后的三维图如图 2-256 所示。

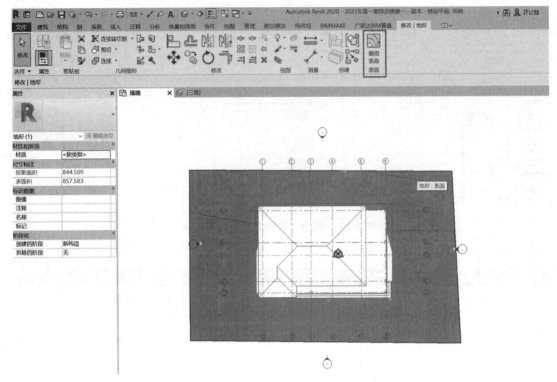

图 2-252　编辑表面

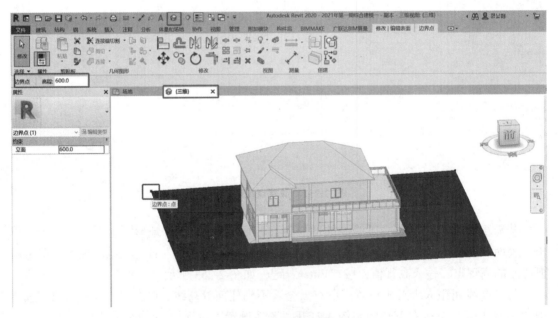

图 2-253　修改高程

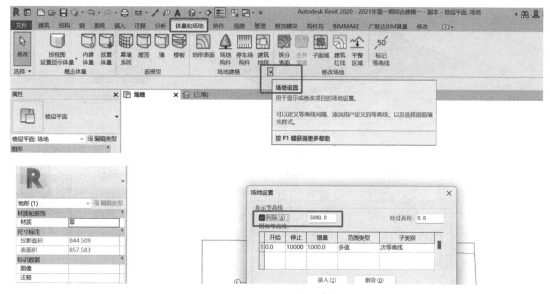

图 2-254　修改等高线间隔

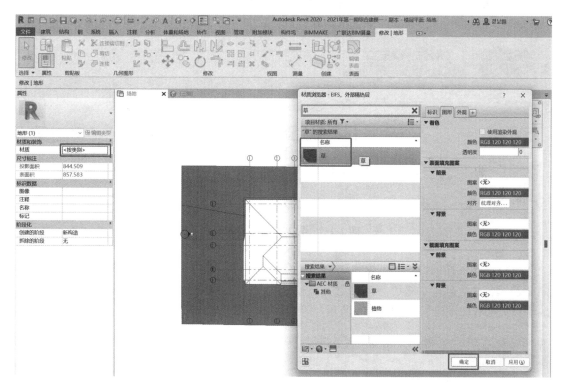

图 2-255　修改地形材质

视频：地形创建 1

图 2-256 场地设置完成后的三维图

方法 2：通过导入等高线 DWG 图纸创建地形（采用等高线生成的地形精度较高）。

执行"插入"→"导入"→"导入 CAD"命令，在"导入 CAD"对话框中选择"等高线 .dwg"文件，设置对话框底部的"导入单位"为"米"，"定位"方式为"手动 - 中心"，"放置于"选项设置为指定标高。单击"打开"按钮，导入 DWG 文件，将地形图放置于"场地"视图中，如图 2-257 所示。

地形等高线文件

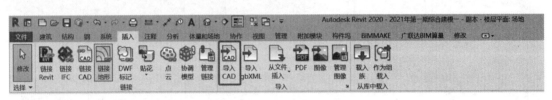

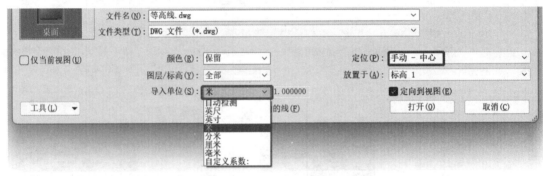

图 2-257 导入 CAD 的等高线

执行"体量和场地"→"场地建模"→"地形表面"命令，进入地形表面编辑状态，如图 2-258 所示。执行"通过导入创建"→"选择导入实例"命令，选中场地视图中已导入的等高线 DWG 图纸，如图 2-259 所示。

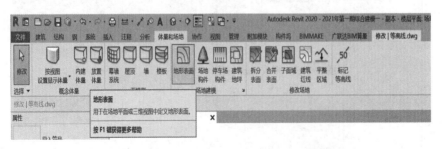

视频：地形创建 2

图 2-258 进入地形表面编辑状态

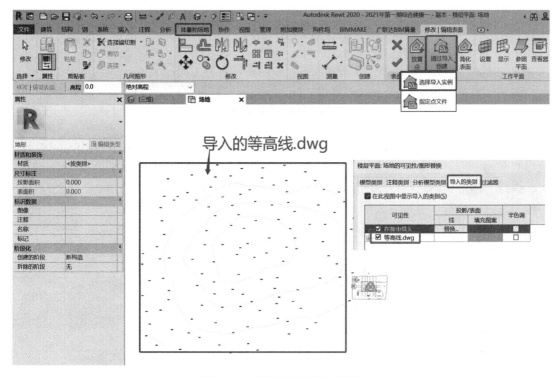

图 2-259　导入实例并显示图纸

　　若看不到导入的 DWG 图纸,则输入"VV"(该快捷命令为打开"可见性/图形替换"设置),在"导入的类别"下将导入的等高线 DWG 图纸打"√",单击"确定"按钮,弹出"从所选图层添加点"对话框。该对话框显示了所选择 DWG 文件中包含的所有图层。勾选与等高线相关的图层,单击"确定"按钮,生成地形表面,如图 2-260所示。

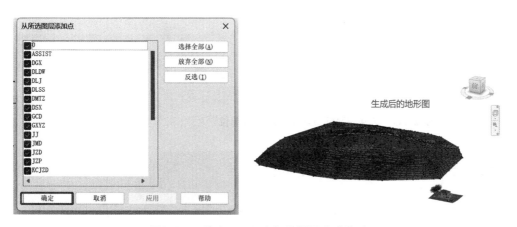

图 2-260　选中 DWG 中相关图层生成地形

　　若生成的高程点较密集,可单击"简化表面",输入"表面精度"值为"100.0"(数值越人,表面越简化),单击"确定"按钮,实现自动删除多余高程点,如图 2-261所示。

图 2-261 简化表面

方法 3：通过导入高程点文件创建地形（可通过现场实际测量导出的数据生成高精度的地形数据）。

执行"体量和场地"→"场地建模"→"地形表面"命令，进入地形表面编辑状态，执行"通过导入创建"→"指定点文件"命令，如图 2-262 所示。导入具有笛卡尔坐标系三要素（X，Y，Z）的逗号或空格分隔的 txt 或 csv 格式文件，如图 2-263 所示。

地形等高线文件

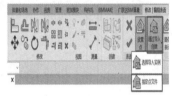

图 2-262 通过导入高程点文件创建地形

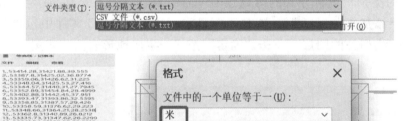

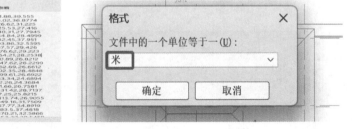

视频：地形创建 3

图 2-263 选择等高线 .txt 文件，设置单位

7.2 课堂案例：创建别墅场地构件

利用 Revit 的"场地构件"工具，可以为场地添加树木、汽车、体育设施等构件。这些构件均依赖于项目中载入的构件族，必须先将构件族载入项目才能使用。

在"场地"视图中，执行"体量和场地"→"场地建模"→"场地构件"命令，在"属性"面板中选择"RPC 落叶树"，单击鼠标左键将树放置于场地中适当位置，如图 2-264 所示。在视图选项栏中将"视觉样式"改为"真实"模式，才能显示树的逼真效果，若树布置得太多，则计算机运行时会卡顿。

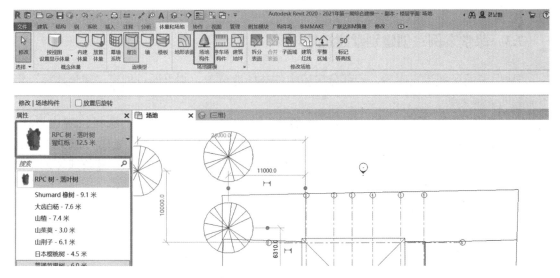

图 2-264　放置"RPC 落叶树"构件

　　单击"载入族"按钮，执行"建筑"→"场地"命令，可为场地添加汽车、附属设施等其他构件，如图 2-265 所示。添加构件（树、汽车、游乐设施）后的三维图如图 2-266 所示。

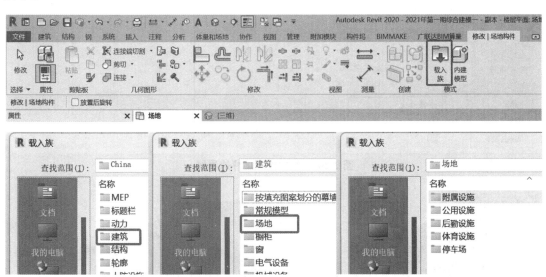

图 2-265　添加其他构件

图 2-266　添加构件后的三维图

视频：创建场地构件

7.3 课堂案例：创建别墅建筑地坪

"地形表面"创建完成后，若部分房屋构件被场地覆盖，则可通过创建"建筑地坪"将不需要的场地剪切。

在"标高1"视图中，执行"体量和场地"→"建筑地坪"命令，选择绘制边界线、设置"坡度箭头"，调整地坪坡度（绘制方式与板的绘制方式一致），将"标高"输入"标高4"（室外地坪标高），单击"完成编辑模式"按钮"√"，如图 2-267 所示。建筑地坪创建前后对比如图 2-268 所示。

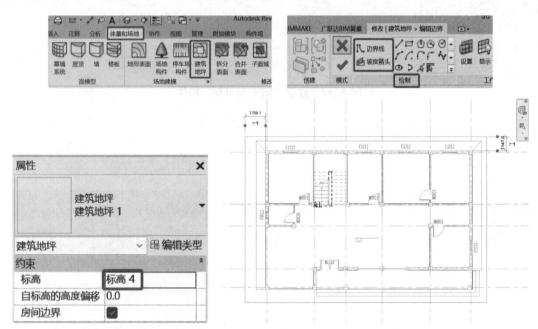

图 2-267　绘制建筑地坪边界线

图 2-268　建筑地坪创建前后对比图

若需要对游乐设施区域设置塑胶垫，可以通过"子面域"来实现。执行"体量和场地"→"修改场地"→"子面域"命令，激活"修改 | 创建子面域边界"上下文选项卡，绘制子面域边界（子面域必须在地形表面范围内），单击"完成编辑模式"按钮"√"，如图 2-269 所示。

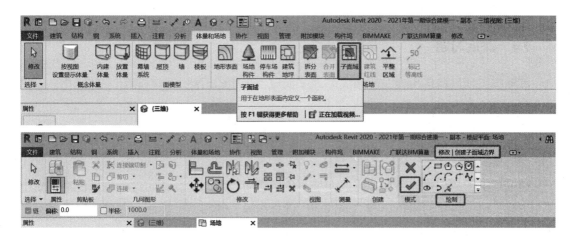

图 2-269　绘制子面域边界线

选中绘制的子面域，在"属性"面板中单击"材质"后的"浏览"按钮，打开"材质浏览器"，将材质更换为"塑料"，如图 2-270 所示。场地布置完成后的三维图如图 2-271 所示。

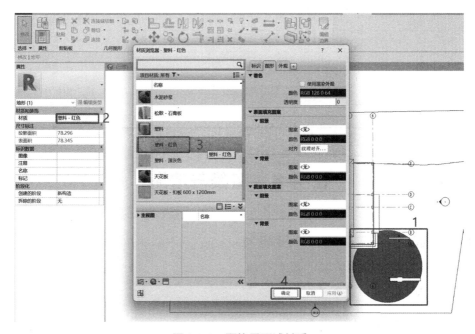

图 2-270　更换子面域材质

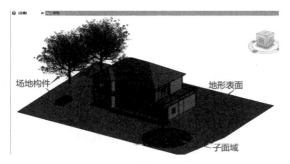

场地构件　　　　　　　　　　　地形表面

子面域

图 2-271　场地布置完成后的三维图

视频：创建建筑地坪

7.4 课后习题

给别墅添加篮球场构件，绘制人工湖子面域，创建碎石路。自行设计室外绿化，要求包含乔木和灌木植物。

7.5 岗位任务

通过外部族的创建或添加，完成商场主体结构阶段的施工场地布置。包括但不仅限于以下内容：施工区域的围挡、进出入大门、施工区域内物料区、道路、办公生活区、安全宣讲台、塔式起重机、运输车。

◎小结与自我评价

岗位任务 - 商铺图纸

任务 8 渲染与漫游

学习目标

知识目标：

1. 了解渲染与漫游的概念及作用。

2. 掌握渲染与漫游的操作方法。

能力目标：

1. 具备使用软件进行渲染与漫游的能力。

2. 具备通过 BIM 职业技能等级考试的能力。

3. 具备借助计算机软件解决实际问题的能力。

素养目标：

1. 培养学生将理论知识综合应用于工程实践的能力，并能独立分析和解决工程实际问题。

2.培养学生自主学习 BIM 相关知识的能力，养成科学的思维方式，抽象问题形象化。

3.培养学生具有良好的模型标准意识及建模规范意识及严谨细致的工作态度和工作作风。

任务指引

任务要求	根据课堂案例要求，掌握别墅渲染与漫游的创建方法。结合 BIM 等级考试真题，熟悉考证要求。依据实际项目情况，完成岗位任务
任务准备	1.了解渲染与漫游的概念及作用。 2.阅读课堂案例图纸，了解任务要求。 3.掌握软件的基本操作

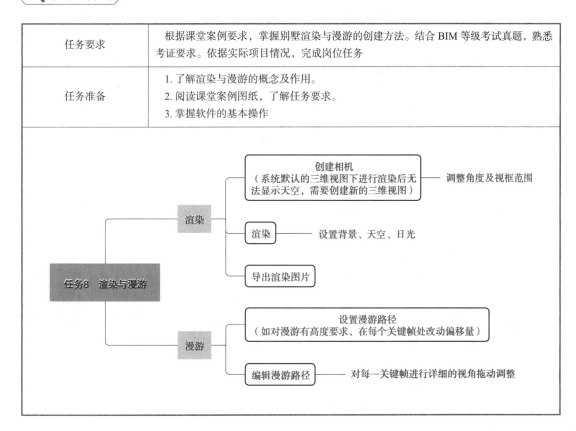

任务反馈

渲染与漫游任务反馈表

序号	任务内容	完成情况	任务分值	评价得分
1	渲染		30	
2	漫游		30	
3	课后习题		10	
4	岗位任务		30	
合计			100	

创新是引领发展的第一动力

党的二十大报告明确提出，坚持把发展经济的着力点放在实体经济上，促进数字经济和实体经济深度融合。

建筑产业既是实体经济的典型代表，也是数字化程度较低的产业。加快数字化转型，发展智能建造，以数字技术赋能建筑业高质量发展成为破局之道。建造方式正在从传统的"试错法"向基于数字仿真的"模拟择优法"转变。

加快科技创新是推动高质量发展的需要，是实现人民高品质生活的需要，是构建新发展格局的需要，是顺利开启全面建设社会主义现代化国家新征程的需要。

大学生培养创新能力既是实施科教兴国和建设创新型国家的必然要求，也是提高大学生自身综合素质的重要途径。

8.1 课堂案例：渲染

题目要求： 对房屋的三维模型进行渲染，质量设置为"中"，设置背景为"天空：少云"，照明方案为"室外：日光和人造光"，其他未标明选项不做要求，结果以"别墅渲染.JPG"为文件名保存至本题文件夹中。

在系统默认的三维视图下进行渲染后无法显示天空，因此需要创建一个新的三维视图。将视图切换至标高1，单击"视图"→"创建"→"三维视图"下拉按钮，或单击快捷图标 ，在下拉菜单中单击"相机"按钮，在标高1视图中适当的位置放置相机，调整相机的视图深度和视图方向，如图2-272所示。

视频：渲染

界面跳转至"三维视图1"，通过4个点位调整视图框范围，如图2-273所示。

在"三维视图1"视图下，执行"视图"→"演示视图"→"渲染"命令，如图2-274所示。在弹出的"渲染"对话框中按题目要求设置：质量设置为"中"，设置背景样式为"天空：少云"，照明方案为"室外：日光和人造光"。单击"渲染"按钮，等待渲染完成，如图2-275所示。

图 2-272　创建相机

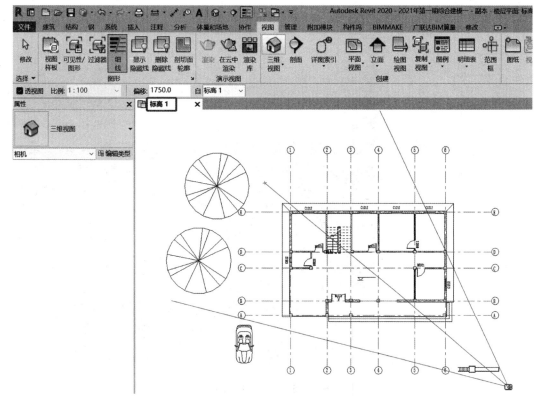

图 2-272 创建相机（续）

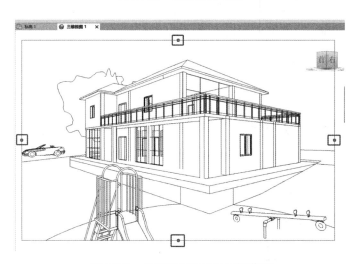

图 2-273 调整相机角度及视框范围

图 2-274 工具栏"视图"→"渲染"命令

图 2-275　设置渲染效果

单击"导出"按钮，将图片重命名后保存于题目指定位置，如图 2-276 所示。若单击"保存到项目中"按钮，则将渲染图片直接保存在项目中，可在项目浏览器中查看。

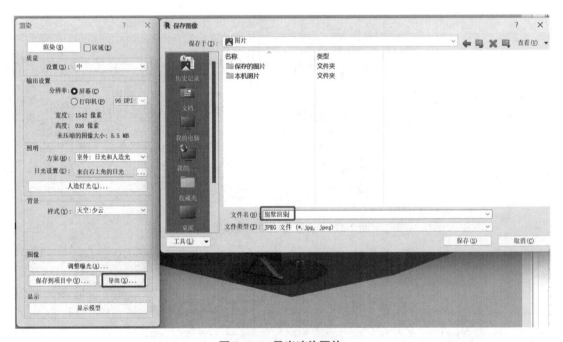

图 2-276　导出渲染图片

8.2 课堂案例：漫游

在视图"标高 1"中，单击"视图"→"三维视图"下拉菜单，或单击快捷图标  下拉菜单，单击"漫游"按钮，在想要设置的漫游路径上放置关键帧。如对漫游有高度要求，可在放置每个关键帧时修改偏移量，如图 2-277 所示。

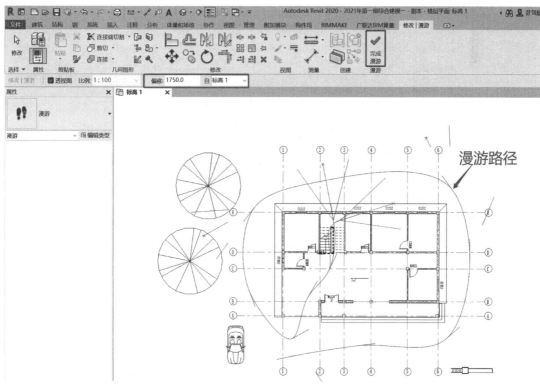

图 2-277　设置漫游路径及视角高度

当漫游的路径全部绘制完成之后，单击"编辑漫游"按钮，如图 2-278 所示。

在"修改 | 相机 编辑漫游"上下文选项卡中单击"上一关键帧"按钮，路径中出现相机，即可对每一关键帧的相机视图深度及拍摄方向进行详细的拖动调整，直至全部关键帧调整完成，如图 2-279 所示。

如果已退出漫游路径的显示状态，路径在视图中不可见。可通过在"项目浏览器"中选择对应的漫游名称，单击鼠标右键，在弹出的快捷菜单中单击鼠

视频：漫游

标左键选择"显示相机"即可显示路径，如图 2-280 所示。

　　单击"打开漫游"，"上一关键帧"为灰色时，单击"播放"按钮，即从第一关键帧开始查看漫游效果。同时，打开平、立面及漫游视图，输入快捷命令"WT"平铺视图，更直观地检查漫游设置效果，如图 2-281 所示。

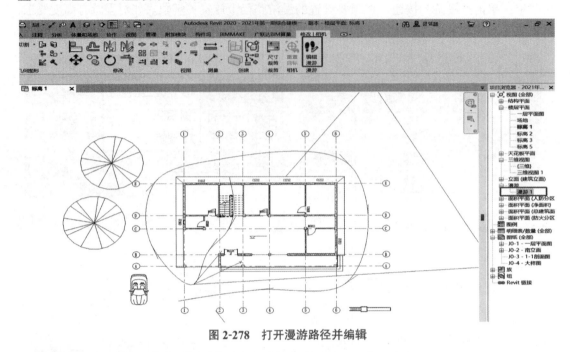

图 2-278　打开漫游路径并编辑

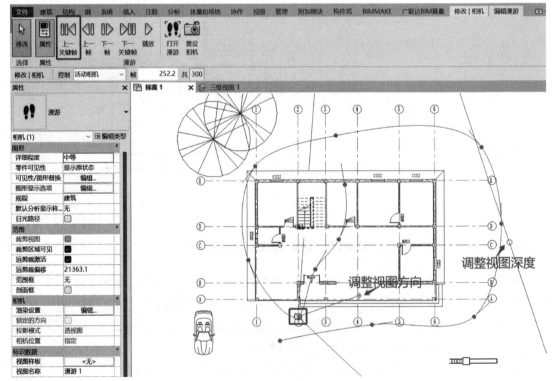

图 2-279　调整关键帧视角

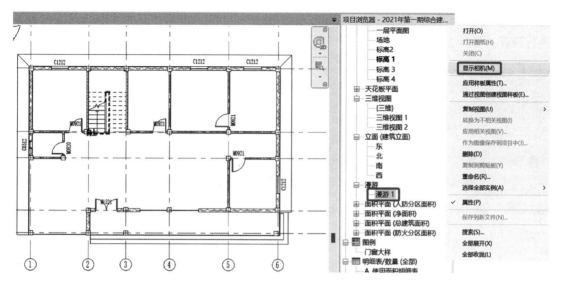

图 2-280　调出显示漫游路径

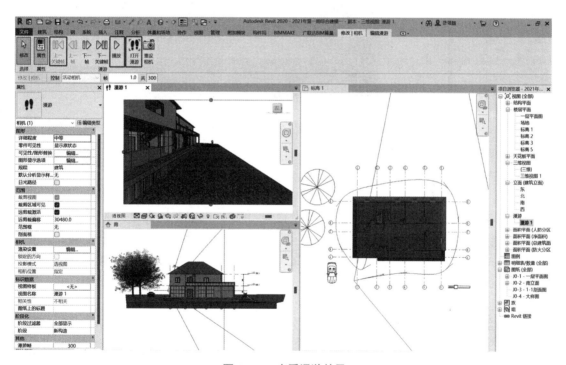

图 2-281　查看漫游效果

高的帧率可以得到更流畅、更逼真的动画，帧数越高，导出视频越大，时间越长。在"修改 | 相机 | 编辑漫游"上下文选项卡中单击"300（帧设置）"，在弹出的"漫游帧"对话框中按需设置"总帧数"及"帧 / 秒"，如图 2-282 所示。

8.3　课后习题

从西南向对别墅进行渲染，要求设置光照及阴影，光照来自西南方向。设置室内漫游，要求经过一楼入户门、楼梯和二楼露台，地点角度自定义，时间不超过 15 s。对导出视频进行设置，每秒 20 帧。

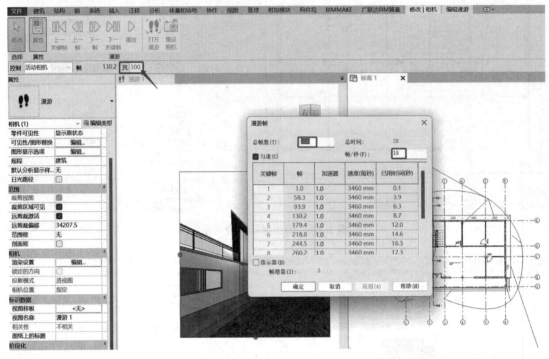

图 2-282　设置漫游帧

8.4　岗位任务

从东南向对商场主体进行渲染，质量设置为"中"，设置背景为"天空：多云"，照明方案为"室外：仅日光"。设置室外漫游，要求经过施工现场出入口、安全宣讲台、塔式起重机及大楼一层楼梯处，地点角度自定义，时间不超过 15 s。对导出视频进行设置，为 20 帧 /s。

◎小结与自我评价

岗位任务 - 商铺图纸

任务 9　明细表

学习目标

知识目标：

1. 了解明细表的概念及作用。

2. 掌握明细表的创建方法。

能力目标：

1. 具备使用软件创建明细表的能力。

2. 具备通过 BIM 职业技能等级考试的能力。

3. 具备借助计算机软件解决实际问题的能力。

素养目标：

1. 培养学生将理论知识综合应用于工程实践的能力，并能独立分析和解决工程实际问题。

2. 培养学生自主学习 BIM 相关知识的能力，养成科学的思维方式，抽象问题形象化。

3. 培养学生具有良好的模型标准意识、建模规范意识及严谨、细致的工作态度和工作作风。

任务指引

任务要求	根据课堂案例要求，掌握别墅明细表的创建方法。结合 BIM 等级考试真题，熟悉考证要求。依据实际项目情况，完成岗位任务
任务准备	1. 了解明细表的概念及作用。 2. 阅读课堂案例图纸，了解任务要求。 3. 掌握软件的基本操作

```
                              ┌─ 创建字段
                              │
                 ┌─ 门窗明细表 ─┼─ 分类汇总 ──── 理解标题、合计与总数的含义
                 │            │
                 │            │                ┌─ 功能区域
任务9·明细表 ─────┤            └─ 调整明细表格式 ─┤
                 │                             └─ 明细表属性→格式设置
                 │
                 └─ 图纸目录 ──── 创建好全部图纸后，自动生成目录
```

明细表任务反馈表

序号	任务内容	完成情况	任务分值	评价得分
1	门明细表		20	
2	窗明细表		20	
3	图纸目录		20	
4	课后习题		10	
5	岗位任务		30	
合计			100	

思政元素

天下大事，必作于细

"天下难事必作于易，天下大事必作于细"出自老子《道德经·第六十三章》。

释义： 天下的难事都是从容易的时候发展起来的，天下的大事都是从细小的地方一步步形成的。

敏于观察、善于分析、坚持治标和治本相结合，从解决一个个细小问题做起，将每次解决问题作为推动学习和工作的抓手，一步一个脚印地持续推进，做到寻根溯源。在细节中发现问题，于细微处洞察自然万象，从小事中找到方法。

笃定初心、弘扬工匠精神，无论大事小事都要坚持高标准，精雕细琢、精益求精，在细悟中体会科学理论的真理力量。把自己对事业、对国家的热爱，转化为工作激情和创造能力，奋力谱写敬业报国的青春乐章。

9.1 课堂案例：创建别墅门窗明细表

题目要求： 创建门窗明细表，门明细表要求包含类型标记、宽度、高度、合计字段；窗明细表要求包含类型标记、底高度、宽度、高度、合计字段；并计算总数。

Revit 中可自动创建门窗明细表。执行"视图"→"创建"→"明细表"→"明细表/数量"命令，如图 2-283 所示。

在"新建明细表"对话框中，选择"建筑"选项，在类别中找到"窗"或"门"，单击"确定"按钮，弹出"明细表属性"对话框，在左列"可用的字段"列表里选中题目要求的字段，如图 2-284 和图 2-285 所示。

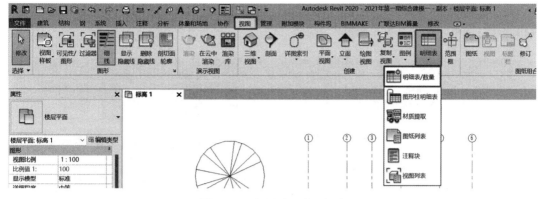

图 2-283　视图选项卡明细表

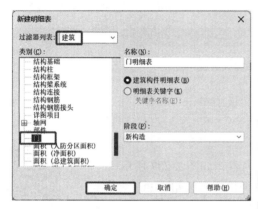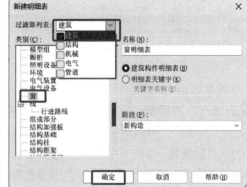

图 2-284　新建门或窗的明细表

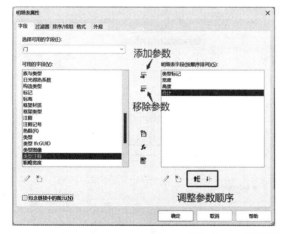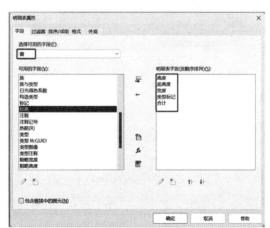

图 2-285　设置门或窗的明细表属性

单击图标"添加参数"或"删除参数"即可对右列"明细表字段"进行增加或删除。选中"明细表字段"下的具体参数,单击"上移参数""下移参数"按钮,对字段进行排序。单击"确定"按钮,完成门或窗明细表创建。

在"窗明细表"或"门明细表"视图下，可通过功能区面板对明细表页眉区域的格式进行设计与调整，如图 2-286 所示。

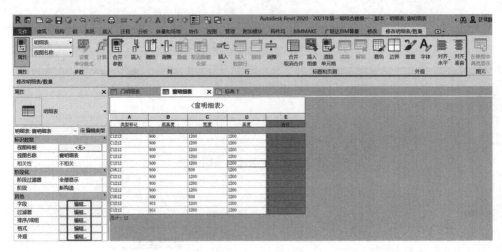

图 2-286　表格样式调整

明细表数据行的格式设置，即在"属性"面板中单击"其他"下的任一选项卡，弹出"明细表属性"对话框，对以下选项卡进行调整：

（1）"字段"：可以对字段再次进行调整。

（2）"过滤器"：按"字段"过滤明细表的内容，如图 2-287 所示。

（3）"排序/成组"：对明细表中的数据进行排序和成组汇总。按题目要求，"总计"选项栏中"选择标题、合计和总数"，如图 2-288 所示。标题、合计和总数解释如下，如图 2-289 所示。

视频：创建明细表

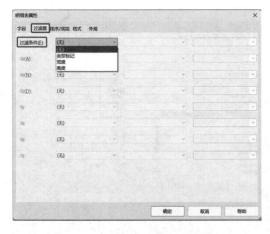

图 2-287　明细表属性（过滤器）

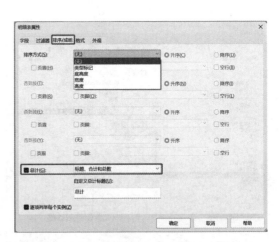

图 2-288　明细表属性（排序/分组）

1）标题：显示"自定义总计标题"字段上的文字。

2）合计：显示组中图元的数量。标题和合计左对齐显示在组的下方。

3）总数：在列的下方显示其小计，小计之和即为总计，如"成本"。注：若要显示可计算字段（如"成本"）的小计和总计，需先在"格式"选项卡上为字段选择"计算总数"。

由于标题与合计左对齐位置的原因，将"计算总数"选定为明细表中的第一列时，将不会显示标题与合计，仅显示小计。

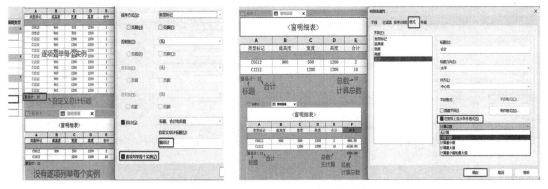

图 2-289 "排序 / 成组"下不同汇总方式

（4）"格式设置"：为明细表每个字段指定格式选项，如列方向和文字对齐，如图 2-290 所示。

（5）"外观"：为明细表指定图形和文字格式选项，如网格线、边框和字体样式，如图 2-291 所示。

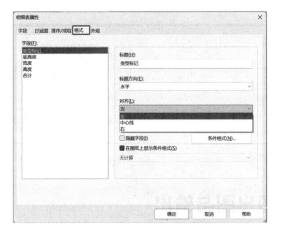

图 2-290 明细表属性（格式）

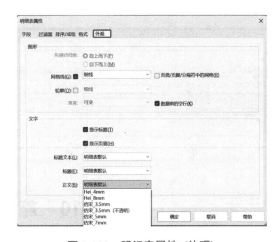

图 2-291 明细表属性（外观）

Revit 的明细表还可自动生成图纸目录。当创建好全部图纸后，明细表中"图纸列表"自动生成图纸目录，图纸编号及名称可与项目浏览器中的相关内容对应，如图 2-292 所示。

9.2 课后习题

创建别墅门窗明细表，包括宽度、高度、说明、成本及门窗个数统计。

9.3 岗位任务

根据岗位任务图纸，查看楼板明细表及结构柱明细表。创建门窗明细表，包括宽度、高度、窗台高度及门窗个数统计。

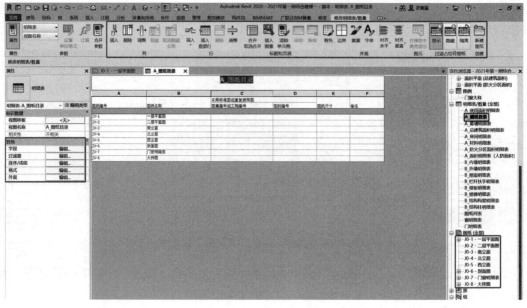

图 2-292　创建图纸目录

◎小结与自我评价

岗位任务 - 商铺图纸

任务 10　施工图出图与输出

学习目标

知识目标：

1. 了解施工图所包含的内容及作用。

2. 掌握二维施工图出图的操作方法。

能力目标：

1. 具备使用软件将三维模型生成二维施工图的能力。

2. 具备通过 BIM 职业技能等级考试的能力。

3. 具备借助计算机软件解决实际问题的能力。

素养目标:

1. 培养学生将理论知识综合应用于工程实践的能力,并能独立分析和解决工程实际问题。

2. 培养学生自主学习 BIM 相关知识的能力,养成科学的思维方式,抽象问题形象化。

3. 培养学生具有良好的模型标准意识、建模规范意识及严谨、细致的工作态度和工作作风。

任务指引

任务要求	根据课堂案例要求,掌握别墅二维施工图出图及打印的方法。结合 BIM 等级考试真题,熟悉考证要求。依据实际项目情况,完成岗位任务
任务准备	1. 了解施工图所包含的内容及作用。 2. 阅读课堂案例图纸,了解任务要求。 3. 掌握软件的基本操作

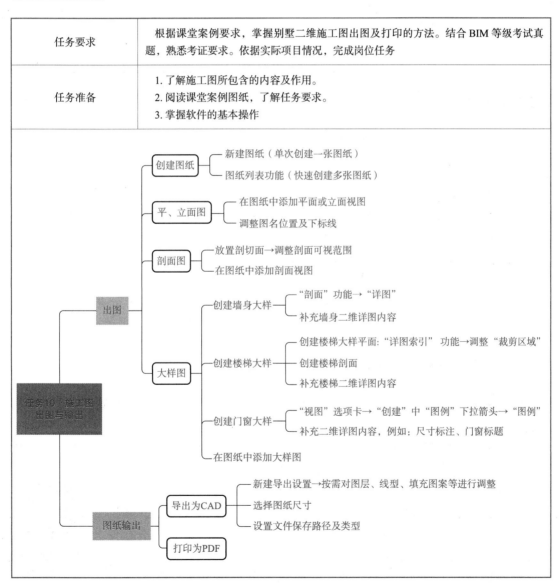

施工图出图与输出任务反馈表

序号	任务内容	完成情况	任务分值	评价得分
1	生成平面、立面、剖面图		30	
2	生成墙身、楼梯、门窗大样图		20	
3	施工图输出		5	
4	课后习题		15	
5	岗位任务		30	
合计			100	

思政元素

明者因时而变，知者随事而制

"明者因时而变，知者随事而制"出自汉代桓宽的《盐铁论·忧边》。

释义：聪明的人会随着时代的变化而改变策略，有智慧的人会按照世事变化的情况而制定法则。这句话强调了"变"的重要性和必要性，主张与时俱进，积极地根据时代发展的要求做出适当的调整，反对因循守旧、故步自封。

与时俱进、创新发展一直是中华优秀传统文化的理念和价值。《周易》中有"穷则变，变则通，通则久。"《礼记》中说："苟日新，日日新，又日新。"

生活从不眷顾因循守旧、满足现状者，从不等待不思进取、坐享其成者，而是将更多的机遇留给善于和勇于创新的人们。惟改革者进，惟创新者强，惟改革创新者胜。

10.1 课堂案例：生成别墅平面、立面施工图

题目要求：创建项目一层平面图，创建 A3 公制图纸，将一层平面图插入，并将视图比例调整为 1∶100。

在"项目浏览器"中选择"图纸"，单击鼠标右键，在弹出的快捷菜单中选择"新建图纸"；或在视图选项卡中单击"图纸"按钮，弹出"新建图纸"对话框，选择图纸规格（如"A3 公制：A3"，若缺少图纸规格，执行"载入"→"标题栏"命令，选择所需的图幅），单击"确定"按钮，完成图纸创建。单击图纸，可在"属性"面板中修改图纸名称、图纸编号等信息。此方法每次只能创建一张图纸视图，如图 2-293 所示。

视频：创建平面、立面施工图

若要同时快速创建多张图纸，可使用图纸列表功能。执行"视

图"→"明细表"命令，在下拉列表中选择"图纸列表"。在弹出的"图纸列表属性"对话框中，选择"图纸编号、图纸名称"添加至明细表字段，单击"确定"按钮，如图 2-294 所示。

单击"插入数据行"增加一行数据，修改图纸编号。多次单击"插入数据行"，即可添加多张图纸列表，图纸编号会依据上一张图纸编号顺序编排。修改相应的"图纸名称"，删除多余行可单击功能区中的"删除"按钮，如图 2-295 所示。

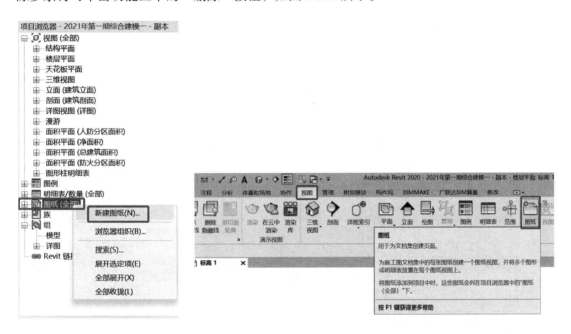

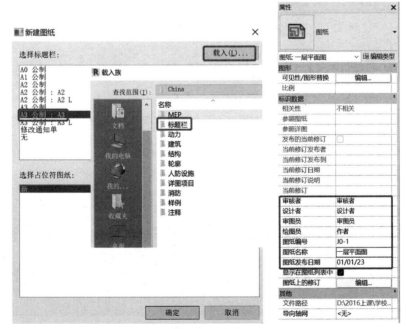

图 2-293　创建单张图纸

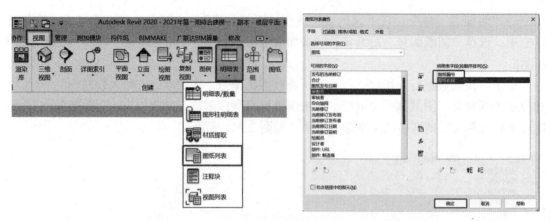

图 2-294　创建图纸列表

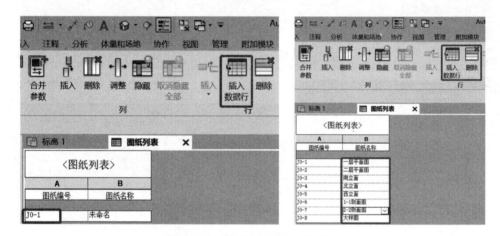

图 2-295　修改图纸名称及排序

单击"新建图纸"按钮，弹出"新建图纸"对话框，选择图纸规格，如"A3 公制：A3"，如图 2-296 所示。

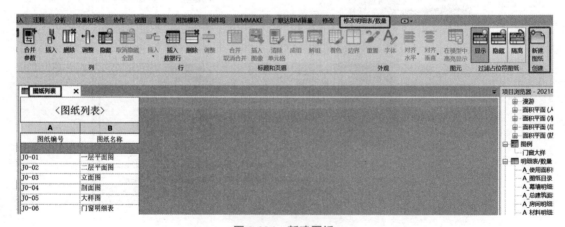

图 2-296　新建图纸

在"选择占位符图纸"中单击"J0-1 →一层平面图"，按住"Shift"键再单击最后一张图纸"J0-8 →大样图"，即可选中全部图纸。单击"确定"按钮，如图 2-297 所示。

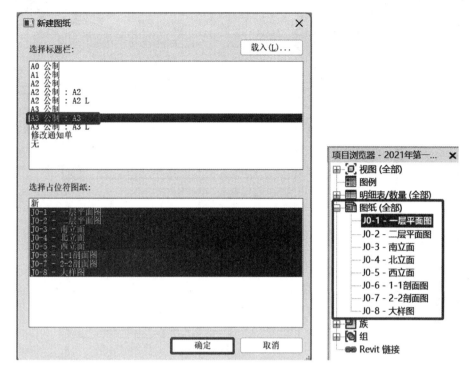

图 2-297　创建多张图纸

查看项目浏览器中的"图纸（全部）"，发现已创建好"选择占位符图纸"所选中的多张图纸。

创建好 A3 公制图纸后，补充楼层平面图、立面图的注释信息，再将平面、立面等视图放入图纸。

以"标高 1"楼层平面视图为例，单击鼠标右键选择"带细节复制"，将"标高 1- 副本"重命名为"一层平面图"。在"一层平面图"视图下，完善二维图纸有关信息（如尺寸标注、指北针、标高、文字），如图 2-298 所示。

将完善注释信息后的平面、立面等视图放入图纸（图 2-299）可以采用下列两种方法之一。

方法 1：在"J0-1 一层平面图"图纸视图界面，执行"视图"→"图纸组合"中的📑（视图）命令，弹出"视图"对话框，选择"楼层平面：一层平面图"，单击"在图纸中添加视图"。

方法 2：在项目浏览器下执行"楼层平面"→"一层平面图"命令，按住鼠标左键将"一层平面图"拖拽到图纸 J0-1 一层平面图的图框内，松开鼠标左键。

在绘图区域的图纸上移动鼠标光标时，所选视图的视口会随其一起移动，移动"一层平面图"至合适位置后单击鼠标左键，即可把"一层平面图"放入图纸。按键盘的"↑""←""↓""→"键，可实现微调。

同一幅图纸中可插入多个视图。"图纸"属性中可设置视图比例，"编辑类型"下可设置线宽、颜色、线型图案等参数，如图 2-300 所示。

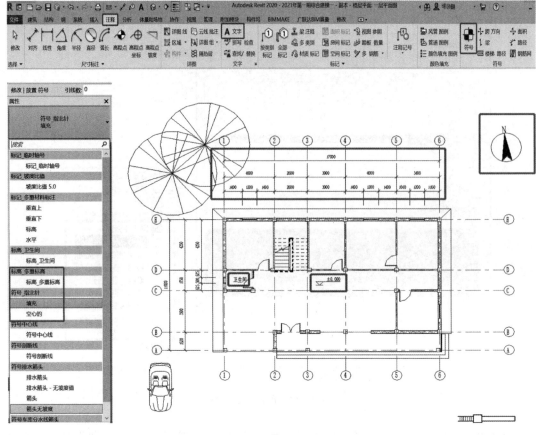

图 2-298 补充二维图纸注释信息

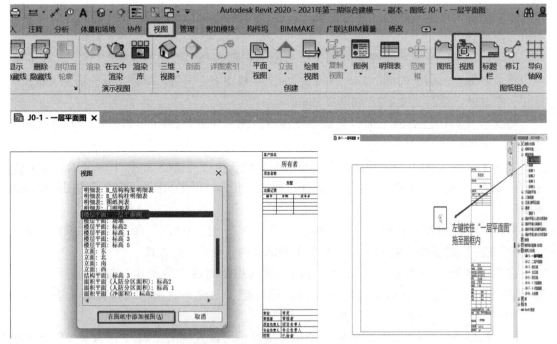

图 2-299 图纸框中放入视图

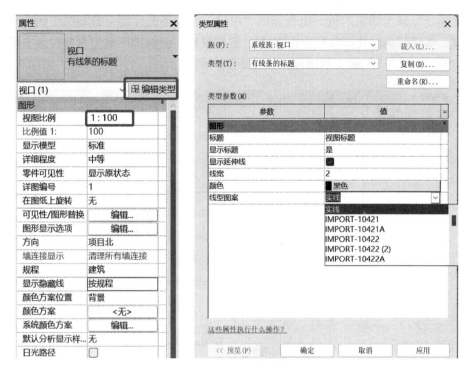

图 2-300　设置视图比例及类型参数

将鼠标光标移至图纸中间，出现黑框"视口：有线条的标题"时，单击鼠标左键，图名处下标线两头出现蓝色实心圆点，按住鼠标左键将蓝色实心圆点进行拖拽，调整下标线的长短。鼠标光标移出图框外单击，完成下标线的长度调整，如图 2-301 所示。

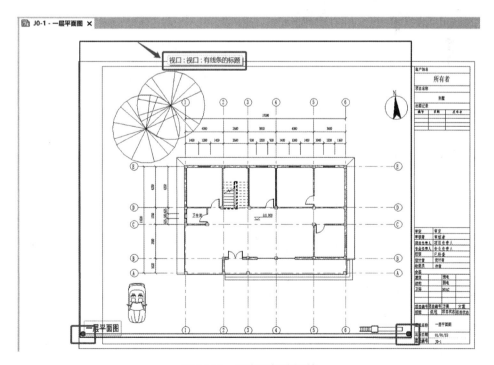

图 2-301　图名下标线调整

将鼠标光标移至图名附近，出现蓝框"视口：有线条的标题：造型操作柄"时，单击鼠标左键，将鼠标光标移至蓝框上出现 ✛，按住鼠标左键拖拽图名至合适位置或使用键盘的"↑""←""↓""→"键实现微调，如图 2-302 所示。

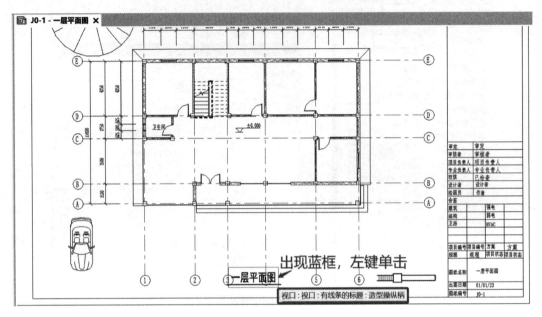

图 2-302　图名位置调整

在图纸视图下可以通过"视图激活"选项卡或鼠标左键双击视口空白处，如图 2-303所示。激活视图后可对模型进行小范围修改，如图 2-304 所示。完成模型修改后，鼠标左键双击图框外空白处，退出视图激活模式，如图 2-305 所示。

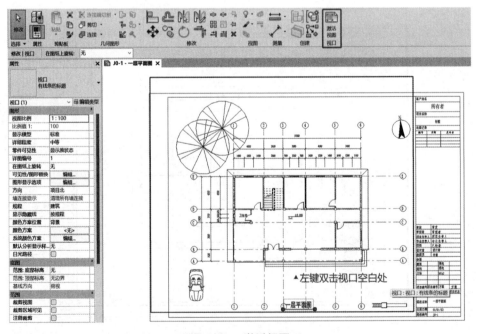

图 2-303　激活视图

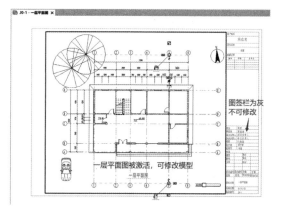
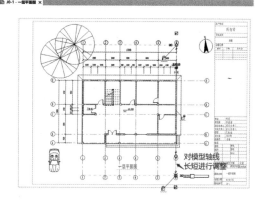

图 2-304　进入视图激活模式，修改模型

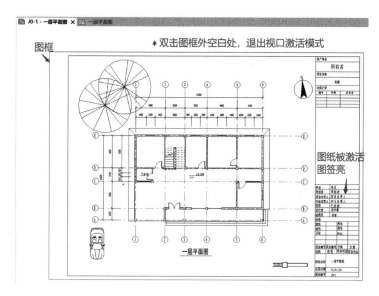

图 2-305　退出视图激活模式

10.2　课堂案例：生成别墅剖面图施工图

在平面视图中单击"视图"选项卡下的"剖面"，在需要进行剖切的位置放置剖切面，拖动蓝色拖拽柄调整剖切深度，双击"剖面 1"或"属性"面板，可修改剖面视图名称。在"项目浏览器"面板可看到"剖面（建筑剖面）"下新增了刚才增加的"剖面 1"，如图 2-306 所示。

视频：创建剖面图

图 2-306　绘制剖面

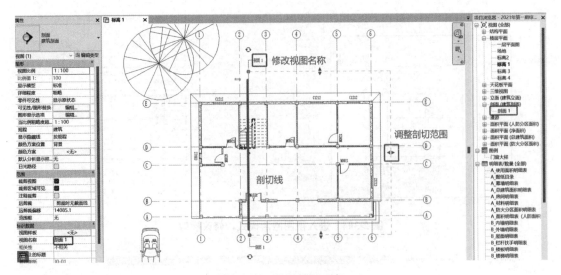

图 2-306 绘制剖面（续）

在"剖面"视图下"属性"面板中勾选"裁剪范围"，鼠标左键长按蓝色实心点，拖拽剖切线框，调整剖面可视范围。然后，按照平面图图纸的创建步骤，创建剖面图图纸。考虑到出图美观，可在调整完裁剪范围后将"裁剪区域可见"取消勾选，如图 2-307 所示。

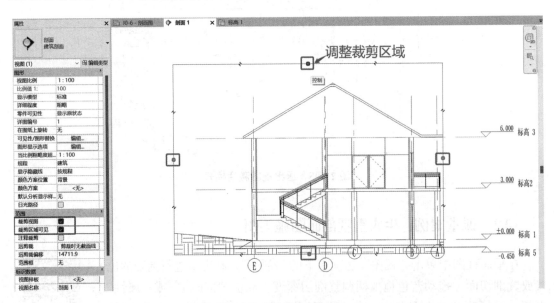

图 2-307 调整裁剪区域

10.3 课堂案例：生成墙身、楼梯、门窗大样施工图

Revit 中各类 1：50 的大样图及 1：20 的墙身节点详图均可从模型直接生成后作为参考，补绘二维相关信息完整后得以输出。

视频：创建墙身
大样

操作 1：墙身大样图

使用"剖面"命令，还可创建墙身、楼梯等大样的剖面详图。在平面视图中，执行

"视图"→"剖面"命令，在"属性"面板中选择合适的"详图"创建剖面详图，单击"属性"面板"编辑类型"按钮，在"类型属性"对话框中按制图标准设置详图索引标记、剖面标记、参照标签等，如图2-308所示。

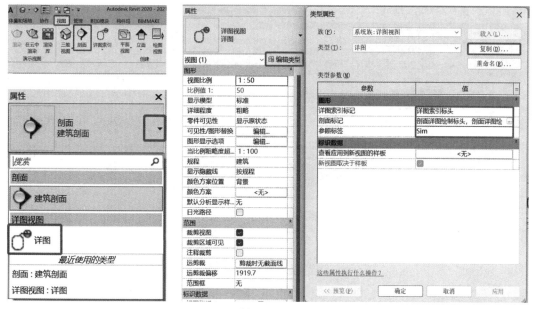

图2-308 创建详图

在需要绘制大样的墙身处放置剖切线，调整剖切范围，剖面图中将显示详图索引框。双击详图索引符号，转至剖面详图视图，拖拽"裁剪区域"四边控制点，调整视图的范围，调整视图比例设置为1∶50，对视图名称重命名为"墙身大样1"，如图2-309所示。

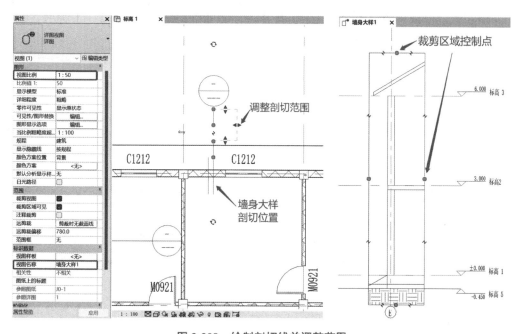

图2-309 绘制剖切线并调整范围

补充墙身二维详图内容，例如，使用"重复详图构件"工具绘制夯实土壤，使用"详图线"工具绘制面层线，使用"符号"绘制坡度、折断线等，如图 2-310 所示，在此不再详述。

图 2-310　补充墙身详图内容

将墙身大样添加到图纸中后，其索引符号将自动更新其编号，如图 2-311 所示。

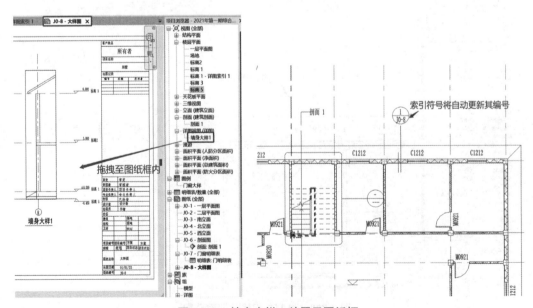

图 2-311　墙身大样 1 放置于图纸框

操作 2：楼梯大样图

楼梯平面详图的创建可使用"详图索引"功能。打开"标高 1"平面视图，执行"视图"→"创建"→"详图索引"命令，在下拉列表中选择"矩形"或"草图"的方式，如图 2-312 所示。

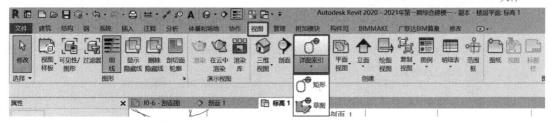

图 2-312 创建详图索引

在选定的平面视图中绘制详图索引边界（以矩形为例），在"项目浏览器"面板"楼层平面"下可以看到新增了"标高 1- 详图索引 1"。打开详图视图，调整"裁剪区域"，如图 2-313 所示。

补充楼梯二维详图内容，如尺寸标注、折断线、转弯半径等，在此不再详述。

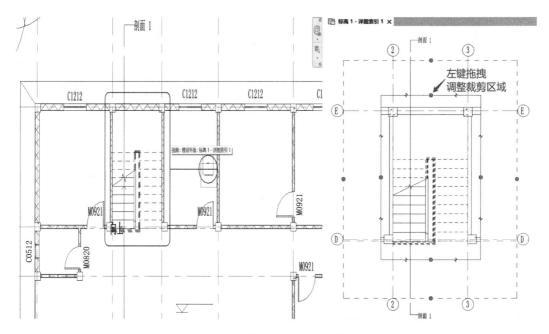

图 2-313 绘制详图索引边界并调整范围

楼梯剖面详图的创建，在平面视图中使用"剖面"工具，步骤同 10.2 生成别墅剖面图施工图。

在楼梯剖面视图下，单击"属性"面板中的"可见性 / 图形替换"或使用快捷命令"VV"，取消勾选"栏杆扶手"。在"楼梯截面"下更改填充图案，使剖面详图满足制图标准要求，如图 2-314 所示。

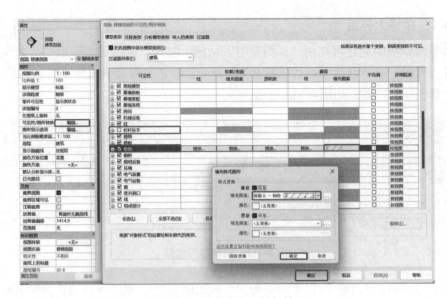

图 2-314　隐藏或显示栏杆扶手

综合使用"注释"选项卡下的"填充区域""遮罩区域"等进行各图元的截面衔接处理，如图 2-315 所示。

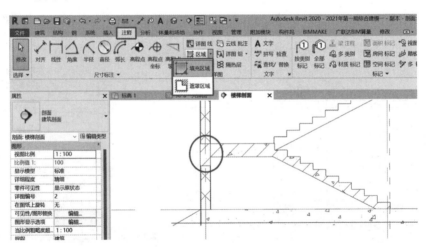

图 2-315　截面衔接处理

调整视图比例，补充楼梯二维详图内容，如尺寸标注、折断线等，最后将完善的楼梯大样添加至大样图纸中，在此不再详述。

视频：创建门窗
大样

操作 3：门窗大样图

门窗大样图在 Revit 中是不需要重新绘制的，可以直接应用到大样详图中。单击"视图"→"创建"→"图例"下拉按钮，在下拉列表中选择"图例"，弹出"新图例视图"对话框，修改名称及比例，单击"确定"按钮，如图 2-316 所示。

在"门窗大样"视图下，执行"注释"→"详图"→"构件"命令，单击下拉按钮，在下拉列表中选择"图例构件"。在"族"下面的选项栏中按照门窗明细表选择需要放置的门窗详图，"视图"选择"立面：前"，如图 2-317 所示。

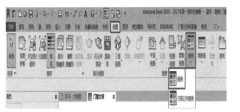

图 2-316　图例下新建门窗大样

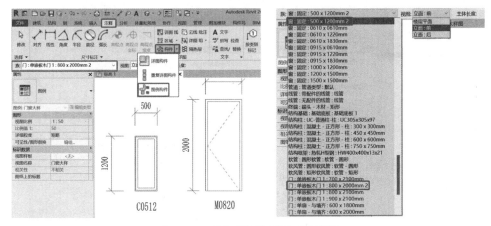

图 2-317　选择需要放置的门窗详图

将图例构件放置于门窗大样视图下，补充二维详图内容，如尺寸标注、门窗标题等。最后，将完善的门窗大样添加至大样图纸中，在此不再详述。

10.4　课堂案例：别墅施工图输出

CAD、PDF 是 Revit 施工图常用的输出格式，如图 2-318 所示。计算机需安装虚拟打印机后才可进行 PDF 格式输出，在此不再详述。本处主要介绍 CAD 格式的输出。

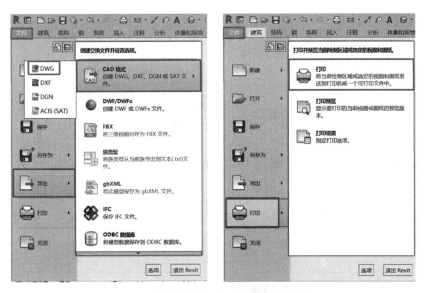

图 2-318　导出 CAD 格式或是打印为 PDF

执行"文件"→"导出 -CAD 格式"命令，选择 DWG 格式。在"DWG 导出"对话框中，单击"选择导出设置"选项下方的下拉框，根据需要在下拉列表中进行选择；或在左下角单击 图标，新建设置，按需对图层、线型、填充图案等选项进行调整，如图 2-319 所示。具体设置需根据各项目来确定，此处不做详述。

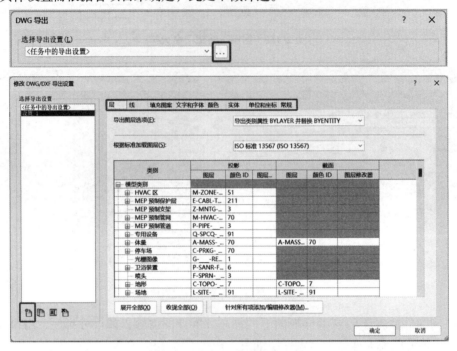

图 2-319　CAD 导出格式设置

在"DWG 导出"对话框中单击"新建集"按钮 ，新建集，可按图纸大小、类别重命名集，选中需要打印的图纸，单击"下一步"按钮，如图 2-320 所示。

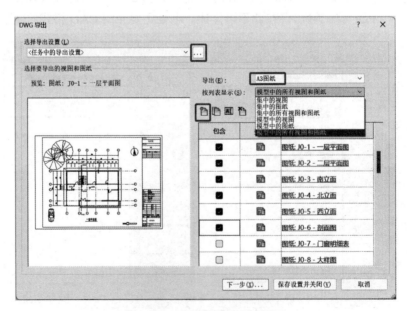

图 2-320　选择需要导出的图纸

进入文件保存路径选择页面，选好文件的保存位置，设置文件类型为 DWG 格式（建议选择低版本的 DWG 文件，以防文件在高版本 CAD 软件中打不开），单击"确定"按钮即可成功将 CAD 图纸导出，如图 2-321 所示。建议导出时，取消勾选"将图纸上的视图和链接作为外部参照导出"。

图 2-321　设置文件类型并保存

10.5　课后习题

创建别墅Ⓑ ~ Ⓒ轴 × ⑥轴处墙身大样图并绘制完整，生成别墅平、立、剖及大样图，输出为 PDF 格式。

10.6　岗位任务

根据岗位任务图纸，创建散水、勒脚大样图并补充二维信息。按建筑构造说明中的屋面做法，完善屋面大样图。生成平、立、剖及大样图，输出为 CAD 格式。

◎小结与自我评价

岗位任务 - 商铺图纸

模块 3

族和体量

任务 1 族的创建与编辑

学习目标

知识目标：

1. 理解族的基本知识。
2. 掌握族的建模命令的使用方法。

能力目标：

1. 具备使用各种命令进行建模的能力。
2. 具备通过 BIM 职业技能等级考试的能力。
3. 具有举一反三解决实际问题的能力。

素养目标：

1. 培养学生综合运用所学知识分析问题和解决问题的能力。
2. 培养学生自主学习 BIM 相关知识的能力，养成科学的思维方式，将抽象问题形象化。
3. 培养学生爱岗敬业、认真思考的职业精神和严谨细致、精益求精的工作态度。

任务指引

任务要求	根据课堂案例要求，掌握族的建模命令使用方法，具备解决实际问题的能力。结合 BIM 等级考试真题，熟悉考证要求
任务准备	1. 理解族的基本知识。 2. 阅读课堂案例题目，了解任务要求。 3. 掌握族的建模命令的操作

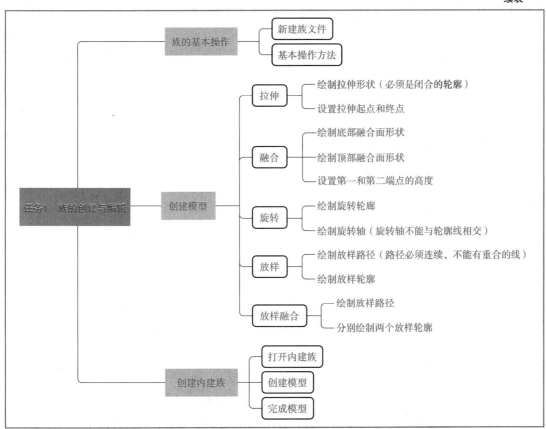

🎯 **任务反馈**

族的创建与编辑任务反馈表

序号	任务内容	完成情况	任务分值	评价得分
1	使用拉伸命令创建模型		15	
2	使用融合、旋转命令创建模型		25	
3	使用放样命令创建模型		15	
4	创建内建族		15	
5	课后习题		30	
合计			100	

📖 **思政元素**

"致广大而尽精微"

"致广大而尽精微"出自《礼记·中庸》："故君子尊德性而道问学，致广大而尽精微，极高明而道中庸。"

释义：君子既要尊重德性又要讲求学问，达到宽广博大的境界同时又深入细微之处，既要有高明的理想，又要有合于中庸的行为。

"广大"即整体，"精微"即部分，整体由部分构成，离开部分，整体就不复存在；部分是整体中的部分，离开了整体，部分就会丧失其功能。"致广大而尽精微"体现了儒家既尊奉道体之大，又穷尽道体之细，既从广大处着眼，又从精微处入手，从而于平实中达到高明的中庸智慧。我们在做事创业的过程中要树立整体观念和全局思想，从长远的角度和整体出发去考虑问题、把握方向，又从小处着手，学会埋头苦干，在操作中细致精当，在小节上扎实用力、一丝不苟、精益求精。

1.1　族的基本操作

1. 什么是族

族是 Revit 软件中最基本的图形单元。每种族类型可以具有不同的尺寸、形状、材质或其他参数变量。例如，门作为一种族"类别"，可以有不同类型的门"族"，每个门族下可以有不同类型和材质的门。Revit 类别、族和类型的关系如图 3-1 所示。

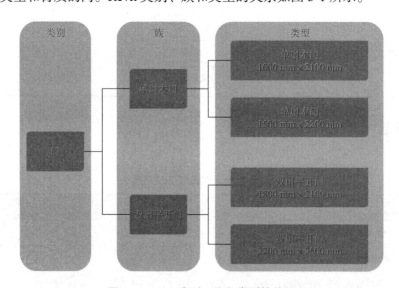

图 3-1　Revit 类别、族和类型的关系

Revit 包含系统族、可载入族和内建族三种族。

（1）**系统族**：已经在项目中预定义并只能在项目中进行创建和修改的族类型［如墙、楼板、顶棚（天花板）等］。它们不能作为外部文件载入或创建，但可以在项目和样板之间复制、粘贴或传递系统族类型。

（2）**可载入族（外建族）**：使用族样板在项目外创建的 *.rfa 文件，可以载入项目，具有属性可自定义的特征，因此可载入族是用户最经常创建和修改的族。

（3）**内建族**：在当前项目中新建的族，它与之前介绍的可载入族的不同在于，内建族只能存储在当前的项目文件里，不能单独存成 *.rfa 文件，也不能用在其他的项目文件中。

2. 族的基本操作

（1）打开软件，在如图 3-2 所示的界面新建或打开已有族文件。

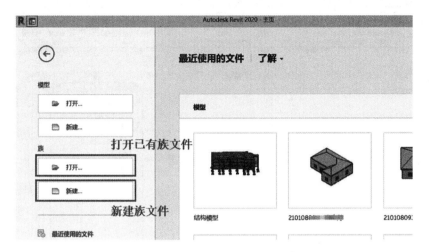

视频：族的基本操作

图 3-2　新建族或打开已有族文件

（2）单击族下的"新建"，弹出"新族 - 选择样板文件"对话框，可根据实际需要选择相应的样板。如果没有特别指定，一般选择"公制常规模型"，单击"打开"按钮，如图 3-3 所示。

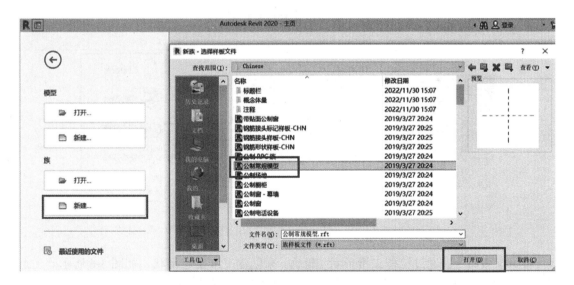

图 3-3　新建族

（3）族编辑器界面如图 3-4 所示。

（4）创建三维模型。族三维模型可分为实体形状和空心形状，均可进行拉伸、融合、旋转、放样和放样融合。在功能区中的"创建"选项卡中，执行这些建模命令，如图 3-5 所示。

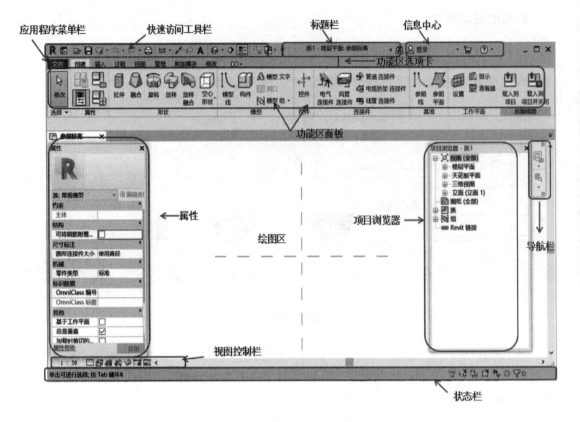

图 3-4　族编辑器界面

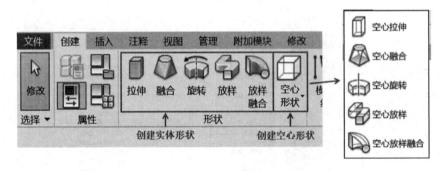

图 3-5　建模命令

1）拉伸命令：通过拉伸二维形状（轮廓）来创建三维实心形状，如图 3-6 所示。注意轮廓必须闭合，不能有重合的线。拉伸方向可以是上下、前后或左右。

操作方法：执行"创建"→"形状"→"拉伸"命令，激活"修改|创建拉伸"上下文选项卡，选择绘图方法，在绘图区绘图（注意绘制的形状必须是闭合的形状）。然后，在"属性"面板中修改"拉伸起点""拉伸终点"和"材质"。最后，单击"修改|创建拉伸"选项卡中的"完成编辑模式"按钮"√"，完成模型创建。在三维视图中，可以将视图控制栏中的视觉样式改为"真实"，如图 3-7 所示。

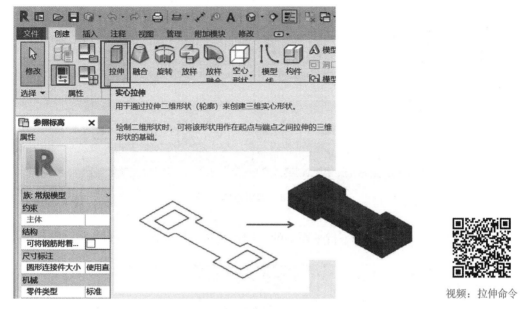

图 3-6　拉伸命令

视频：拉伸命令

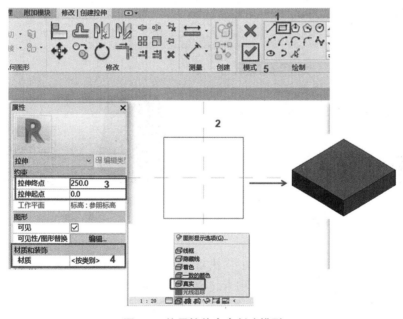

图 3-7　使用拉伸命令创建模型

注意：拉伸起点和拉伸终点的位置是相对于参照平面来说的，如上下方向的拉伸，拉伸起点和终点是相对于"参照标高"平面的位置。拉伸起点默认是 0，位于"参照标高"平面上。

实体创建完成后，用户还可以重新编辑它的拉伸形状。单击要编辑的实体，然后执行"修改 | 拉伸"→"编辑拉伸"命令，选项卡切换至"修改 | 拉伸 > 编辑拉伸"上下文选项卡，进入编辑拉伸的界面。用户对拉伸形状进行修改编辑后，单击"完成编辑模式"按钮"√"，如图 3-8 所示。

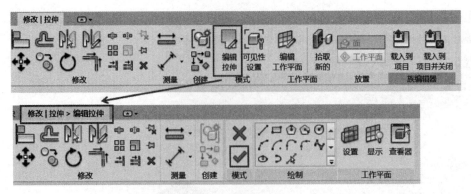

图 3-8　编辑拉伸

2）融合命令：可以将两个平行平面上的不同形状进行融合建模，如图 3-9 所示。

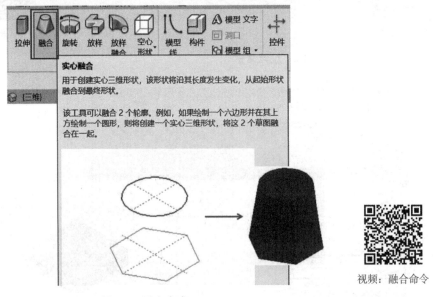

视频：融合命令

图 3-9　融合命令

操作方法：在"参照标高"平面中，执行"创建"→"形状"→"融合"命令，激活"修改 | 创建融合底部边界"上下文选项卡，软件默认先绘制底部的融合面形状。绘制完成后，单击选项卡中的"编辑顶部"，切换到顶部融合面的绘制。

底部和顶部都绘制完成后，在"属性"面板中修改"第一端点"（底部）、"第二端点"（顶部）的位置并设置"材质"。最后，单击选项卡中的"完成编辑模式"按钮"√"，完成模型创建，如图 3-10 所示。

注意：与拉伸命令一样，第一端点（底部）、第二端点（顶部）的位置是相对于参照平面来说的。第一端点默认是 0，位于"参照标高"平面上。用户如果需要对模型进行重新编辑，可以选择模型，执行"修改 | 融合"→"编辑顶部"或"编辑底部"命令进行编辑。

在使用融合建模的过程中，可能会遇到一些融合效果不理想的情况，可以通过增减融合面的顶点数量来控制融合效果。下面以图 3-10 中的例子，说明该操作方法。

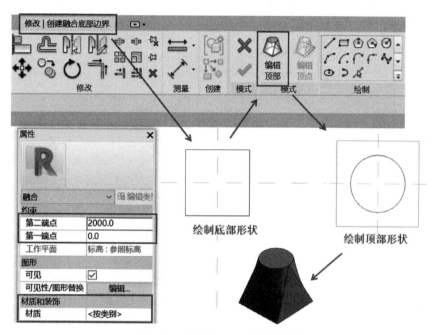

图 3-10 使用融合命令创建模型

在"参照标高"平面中，选择模型，执行"修改 | 融合"→"编辑顶部"命令，激活"修改 | 编辑融合顶部边界"上下文选项卡。单击"编辑顶点"按钮，在"修改"面板中执行"拆分图元"命令，把圆形拆分成四段。单击"完成编辑模式"按钮"√"，完成编辑。模型顶面和底面的融合效果更完美，如图 3-11 所示。

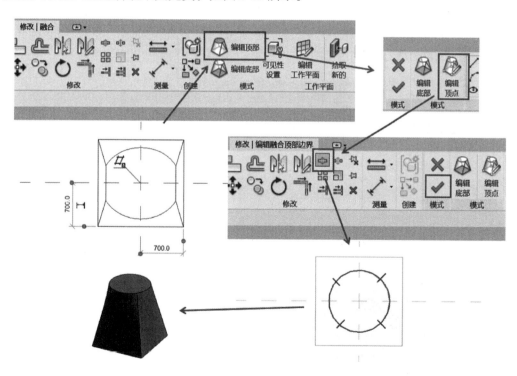

图 3-11 增加顶点数量控制融合效果

3）旋转命令：通过绘制轮廓和旋转轴来创建形状，如图 3-12 所示。

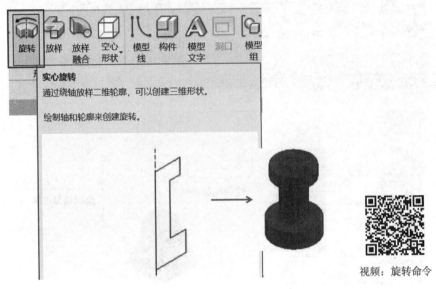

视频：旋转命令

图 3-12　旋转命令

操作方法：执行"创建"→"形状"→"旋转"命令，激活"修改|创建旋转"上下文选项卡，选择"边界线"，边界线必须是闭合的形状。单击选项卡中的"轴线"，绘制轴线，轴线的长短应不影响模型的生成；或者，使用拾取线功能选择已有的线作为轴线。完成边界线和轴线的绘制后，单击"完成编辑模式"按钮"√"，完成旋转建模。旋转角度默认是 360°，如图 3-13 所示。

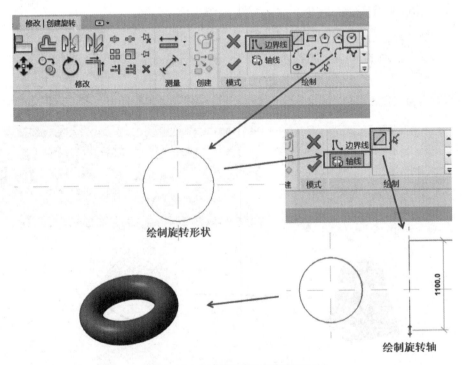

图 3-13　使用旋转命令创建模型

用户还可以对已有实体的旋转角度进行编辑。单击创建好的旋转实体，在"属性"面板中，可以修改"起始角度"和"结束角度"（起止角度旋转方向为逆时针），如图 3-14 所示。

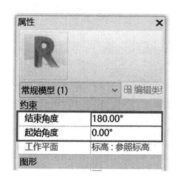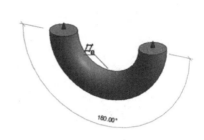

图 3-14　修改实体旋转角度

4）放样命令：通过绘制路径和二维轮廓进行放样，创建三维形状，如图 3-15 所示。

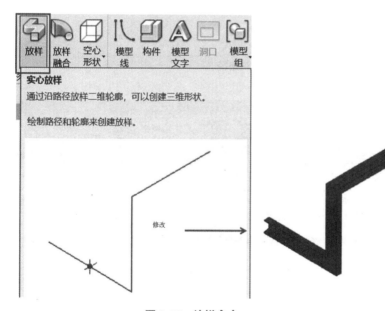

视频：放样命令

图 3-15　放样命令

操作方法：执行"创建"→"形状"→"放样"命令，激活"修改 | 放样"上下文选项卡，用户可以使用"绘制路径"工具来画出路径，注意路径必须连续，不能有重合的线；或者，单击"拾取路径"按钮，选择已有的线作为路径。绘制或选择路径后，单击"完成编辑模式"按钮"√"，完成路径绘制，如图 3-16 所示。

然后，单击"放样"面板中的"编辑轮廓"按钮，或者双击路径上的红点（红点处为横断面处），弹出"转到视图"对话框。根据实际情况选择一个视图打开，在这个视图上绘制轮廓线。轮廓需要在垂直于路径的断面上绘制，如图 3-17 所示。

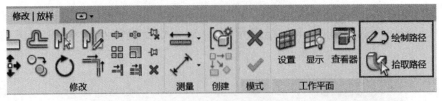

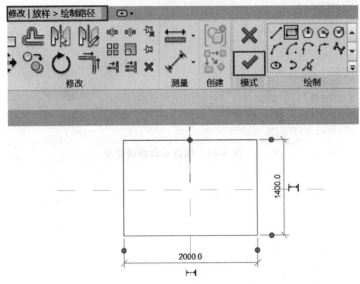

图 3-16　绘制路径

图 3-17　转到其他视图绘制轮廓

完成轮廓绘制后，单击"完成编辑模式"按钮"√"，退出"编辑轮廓"模式。最后，单击"修改 | 放样"上下文选项卡中的"完成编辑模式"按钮"√"，完成放样建模，如图 3-18 所示。

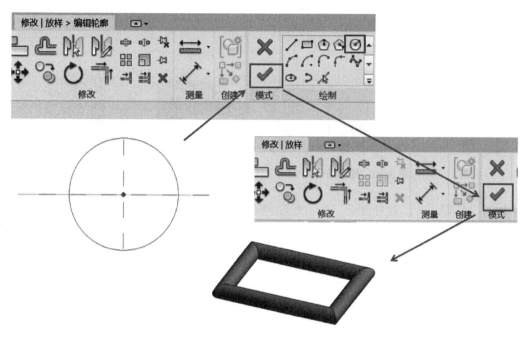

图 3-18　绘制轮廓，完成放样

用户还可以对已有的放样实体进行编辑。单击创建好的放样实体，执行"修改 | 放样"→"编辑放样"命令，进入编辑放样界面。可单击"绘制路径"或"编辑轮廓"进行修改，如图 3-19 所示。

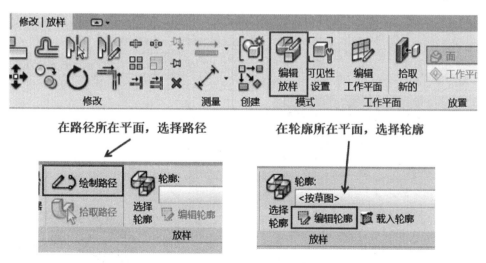

图 3-19　放样实体编辑修改

5）放样融合命令：绘制两个不同轮廓，沿指定路径对其进行放样，创建融合体，如图 3-20 所示。

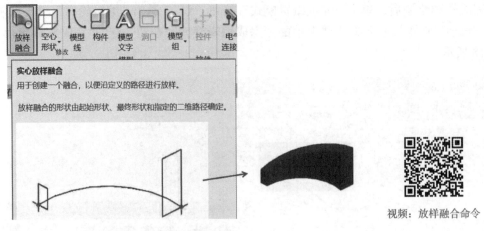

实心放样融合

用于创建一个融合，以便沿定义的路径进行放样。

放样融合的形状由起始形状、最终形状和指定的二维路径确定。

视频：放样融合命令

图 3-20　放样融合命令

执行"创建"→"放样融合"→"绘制路径"命令，路径绘制完成后，选择"选择轮廓 1"，单击"选择轮廓"，弹出"转到视图"对话框，选择合适的视图打开，绘制轮廓 1，绘制完成后单击"完成编辑模式"按钮"√"。

选择"选择轮廓 2"，单击"编辑轮廓"按钮，弹出"转到视图"对话框，选择合适的视图打开，绘制轮廓 2，绘制完成后单击"完成编辑模式"按钮"√"。

退出"编辑轮廓"模式。单击"修改|放样融合"选项卡中的"完成编辑模式"按钮"√"，完成放样融合建模，如图 3-21 所示。

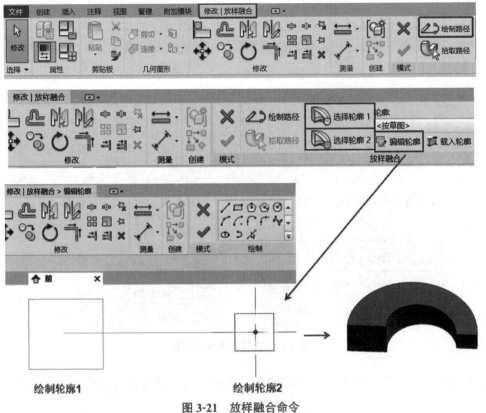

绘制轮廓1　　　　　　　　　绘制轮廓2

图 3-21　放样融合命令

6）空心形状命令：用于删除实心形状的一部分。执行"创建"→"形状"→"空心形状"命令，"空心形状"下拉命令与实体模型命令操作一样，如图 3-22 所示。

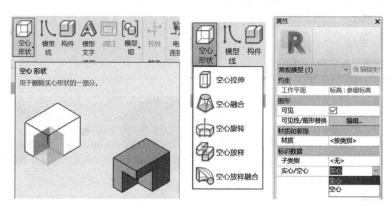

图 3-22　空心形状命令

7）剪切命令：当空心形状没有成功剪切实体时，可以用剪切命令手动裁剪实体。执行"剪切几何图形"命令，分别单击选择被剪切的实体图形和用于剪切的空心图形。如果单击选择"剪切"下拉列表中的"取消剪切几何图形"，再分别选择要停止被剪切的实体图形和停止剪切的空心图形，可以将已经剪切的实体模型返回到未剪切的状态，如图 3-23 所示。

图 3-23　剪切命令

当空心形状错误地绘制成实体后，可以将实体转换成空心形状，如图 3-24 所示，选中错误绘制的实体，在"属性"面板中将实心修改为空心。转换后的空心形状并没有将实体剪切，需要使用"剪切"命令手动剪切实体。

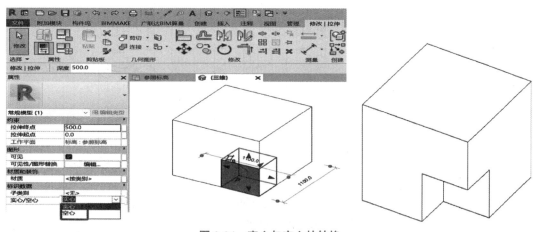

图 3-24　实心与空心的转换

8）连接命令：可以将多个实体模型连接成一个实体模型，并在连接处产生实体相交的相贯线。执行"连接几何图形"命令，分别单击选择要连接的实心图形，如图3-25所示。如果原模型是两种不同的材质，连接后材质变为一种，与连接时首先拾取的模型材质一致。如果单击选择"连接"下拉列表中的"取消连接几何图形"，可以将已经连接的实体模型返回到未连接的状态。

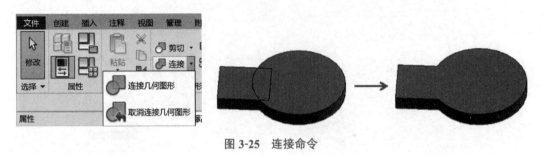

图 3-25　连接命令

1.2　课堂案例：榫卯结构、小木桌（拉伸）

1. 榫卯结构

下面以中国图学学会第七期全国 BIM 技能等级考试一级试题的第三题为例，创建一个榫卯结构。

创建图 3-26 所示的榫卯结构，并创建在一个模型中，将该模型以构件集保存，命名为"榫卯结构"，保存到考生文件夹中。

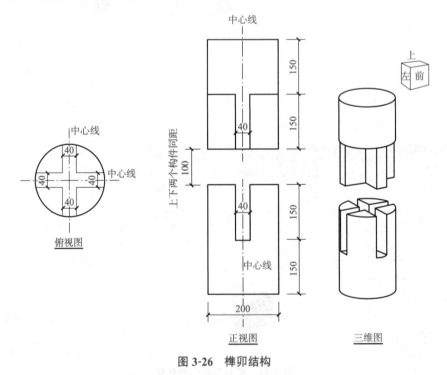

图 3-26　榫卯结构

操作 1：新建族

打开软件，执行"族"→"新建"命令，选择样板"公制常规模型"，打开族编辑器界面。

操作 2：创建下部圆柱体

在"参照标高"视图中，执行"创建"→"形状"→"拉伸"命令，激活"修改|创建拉伸"上下文选项卡，在"绘制"面板选择"圆形"，以参照平面中心为圆心，绘制一个半径为 100 mm 的圆，在"属性"面板中设置"拉伸起点"为 0，"拉伸终点"为 300，然后单击"修改|创建拉伸"上下文选项卡中的"完成编辑模式"按钮"√"，完成创建，如图 3-27 所示。

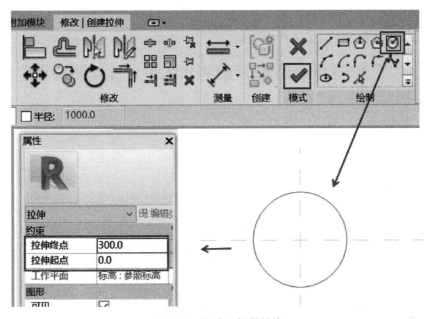

图 3-27　创建下部圆柱体

操作 3：创建上部圆柱体

可以使用同样的方法创建上部的圆柱体，在"属性"面板设置"拉伸起点"为 400，"拉伸终点"为 700；或者打开前立面视图，使用复制的方法进行创建，如图 3-28 所示。

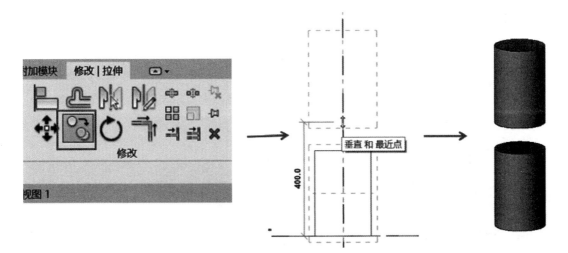

图 3-28　复制底部圆柱体

操作 4：绘制空心部分

为了方便绘制上下空心部分的图形，需要绘制一些参照平面。在"参照标高"视图中，执行"创建"→"基准"→"参照平面"命令，选择"拾取线"绘制，设置偏移量为20，拾取中心线绘制四个参照平面，如图 3-29 所示。

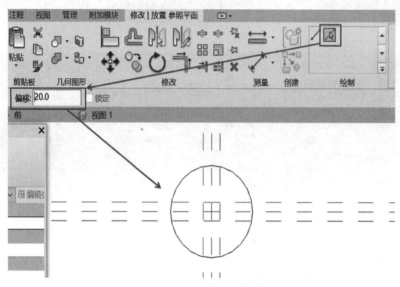

图 3-29　绘制参照平面

创建下部空心形状：在"参照标高"视图中，执行"创建"→"空心形状"→"空心拉伸"命令，激活"修改 | 创建空心拉伸"上下文选项卡，使用"直线"和"起点 - 终点 - 半径弧"命令绘制下面部分的空心形状（或使用拾取 + 裁剪绘制形状），在"属性"面板中设置"拉伸起点"为150，"拉伸终点"为300。单击"完成编辑模式"按钮"√"，完成创建。

使用类似的方法创建上部空心形状，设置"属性"面板中的"拉伸起点"为400，"拉伸终点"为550，完成模型创建，如图 3-30 所示。

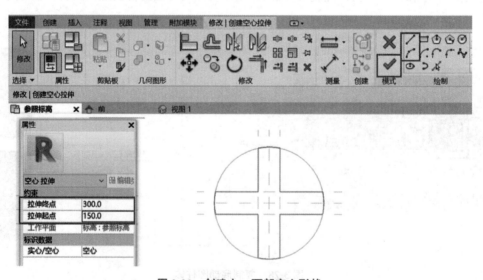

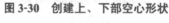

图 3-30　创建上、下部空心形状

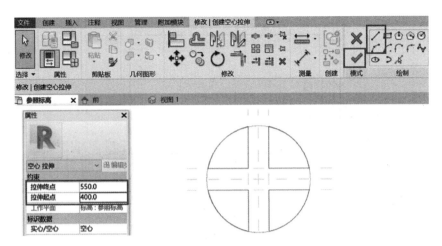

图 3-30　创建上、下部空心形状（续）

完成后的模型如图 3-31 所示。

视频：榫卯结构

图 3-31　完成后的模型

2. 小木桌

下面以 2021 年中国国学学会第七期"1+X"建筑信息模型（BIM）职业技能等级考试初级实操试题的第一题为例，创建一个小木桌（图 3-32）。

根据给定尺寸，创建小木桌模型，整体材质为"胡桃木"，请将模型以"小木桌 + 考生姓名"保存至本题文件夹中。

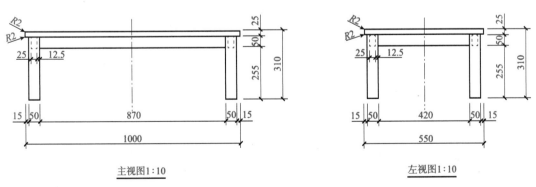

主视图1:10　　　　　　　　　　　　　　左视图1:10

图 3-32　小木桌三视图

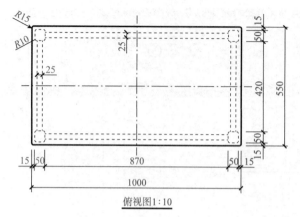

图 3-32 小木桌三视图（续）

操作 1：新建族

打开软件，执行"族"→"新建"命令，选择样板"公制常规模型"，打开族编辑器界面。

操作 2：创建桌脚

在"参照标高"视图中，为了方便绘制左上角桌脚的拉伸形状，先绘制参照平面。执行"创建"→"基准"→"参照平面"命令，选择"绘制"面板中的"拾取线"绘制方式，设置相应的偏移量，绘制四个参照平面，如图 3-33 所示。

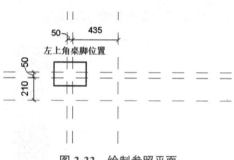

图 3-33 绘制参照平面

执行"创建"→"形状"→"拉伸"命令，激活"修改|创建拉伸"上下文选项卡，执行"矩形"命令，在左上角桌脚处绘制一个 50 mm×50 mm 的正方形。执行"圆角弧"命令，分别单击矩形一个角的两条边，随意绘制一个圆角，再单击圆角的半径数值，修改半径为 10 mm，同理完成其他三个圆角。设置"属性"面板中的"拉伸起点"为 0，"拉伸终点"为 285，然后单击"完成编辑模式"按钮"√"，完成左上角桌脚的创建，如图 3-34 所示。

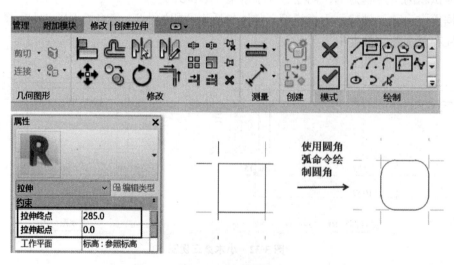

图 3-34 绘制桌脚

分别使用"镜像 - 拾取轴"命令创建出其他三个桌脚,如图 3-35 所示。

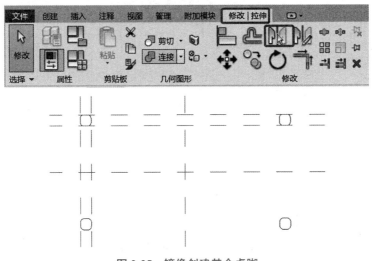

图 3-35　镜像创建其余桌脚

操作 3:创建桌子横梁

执行"创建"→"形状"→"拉伸"命令,激活"修改 | 创建拉伸"上下文选项卡,根据图纸尺寸,执行"直线"命令绘制横梁形状,如图 3-36 所示。

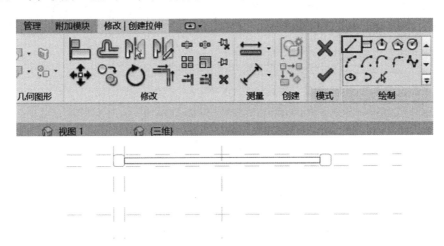

图 3-36　绘制一根横梁断面

同理,绘制出其他横梁。设置"属性"面板中的"拉伸起点"为 235,"拉伸终点"为 285,然后单击"完成编辑模式"按钮"√",完成横梁的创建,如图 3-37 所示。

操作 4:创建桌面板

执行"创建"→"形状"→"拉伸"命令,激活"修改 | 创建拉伸"上下文选项卡,选择"直线"命令绘制一个 1 000 mm×550 mm 的矩形,执行"圆角弧"命令分别在矩形的四个角绘制半径为 15 mm 的圆弧,把四个角变为圆角。在"属性"面板中设置"拉伸起点"为 285,"拉伸终点"为 310。然后单击"完成编辑模式"按钮"√",完成桌面的创建,如图 3-38 所示。

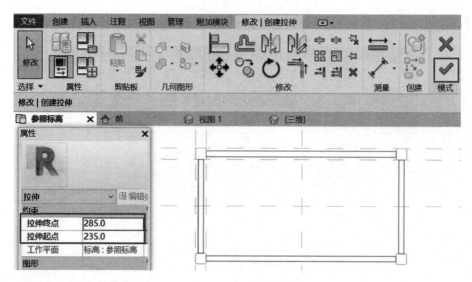

图 3-37　完成桌子横梁绘制

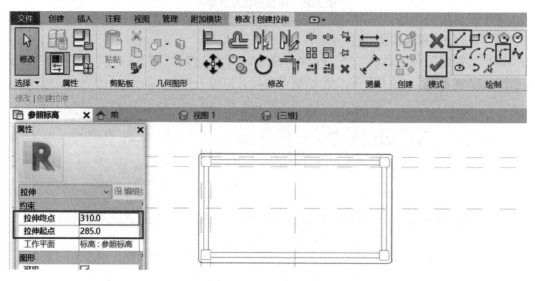

图 3-38　创建桌面面板

操作 5：设置桌子材质

打开三维视图，选择小木桌，在"属性"面板中单击"材质"框，再单击右边的浏览按钮，在打开的"材质浏览器"中搜索"胡桃木"，单击库面板的"胡桃木"材质右边向上的箭头，将材质添加到文档中，单击"确定"按钮，如图 3-39 所示。最终效果如图 3-40所示。

1.3　课后练习：凉亭

本练习题是"1+X"建筑信息模型（BIM）职业技能等级考试初级实操试题的一道题目。

图 3-41 所示为某凉亭模型的立面图和平面图，请按照图示尺寸建立凉亭实体模型（立体形状如图 3-42 所示），以"凉亭 + 考生姓名"保存在考生文件夹中。

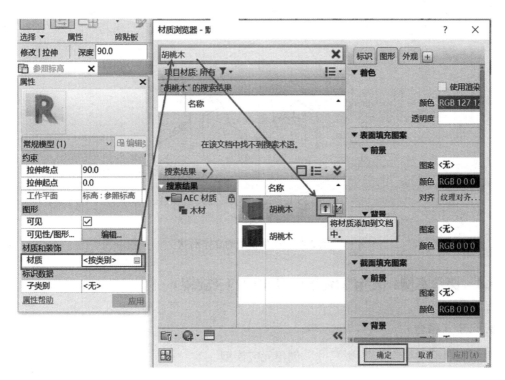

图 3-39 设置材质

视频：小木桌

图 3-40 完成后的桌子模型

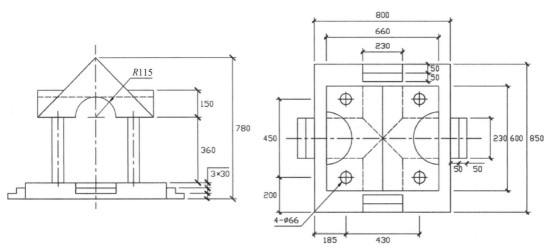

图 3-41 某凉亭的立面图和平面图

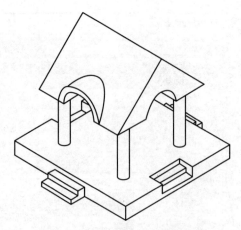

图 3-42 凉亭模型的立体形状

1.4 课堂案例：元宝（融合）、球形喷口（旋转）

1. 元宝（融合）

根据图 3-43 中给定的投影尺寸，创建元宝模型。

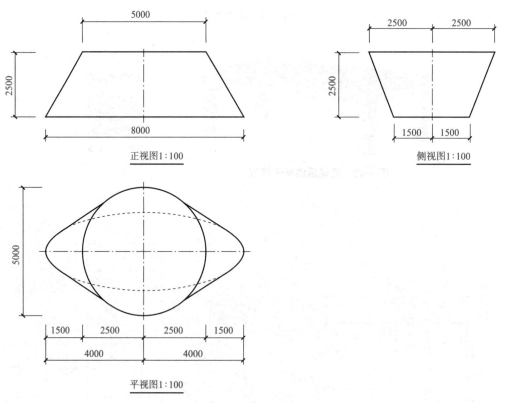

图 3-43 元宝三视图

操作 1：新建族

打开软件，执行"族"→"新建"命令，选择样板"公制常规模型"，打开族编辑器界面。

操作2：创建融合

在"参照标高"视图中，首先根据图纸尺寸绘制两个参照平面，以便定位底部椭圆形的长轴和短轴的端点位置。然后执行"创建"→"形状"→"融合"命令，激活"修改|创建融合底部边界"上下文选项卡，绘制底部的形状，执行"椭圆"命令，单击中心线交点作为圆心，再分别单击长轴端点和短轴端点绘制一个椭圆形，如图3-44所示。

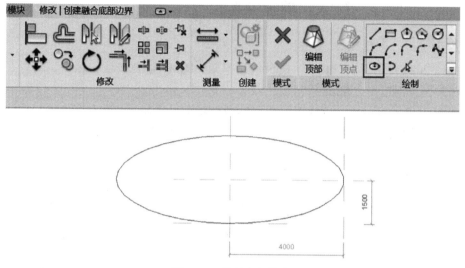

图 3-44　绘制底部轮廓

执行"修改|创建融合底部边界"→"编辑顶部"命令，激活"修改|创建融合顶部边界"上下文选项卡，执行"圆形"命令，绘制一个半径为2 500 mm的圆形。在"属性"面板中设置"第一端点"为0，"第二端点"为2 500。然后单击"完成编辑模式"按钮"√"，完成创建，如图3-45所示。最终效果如图3-46所示。

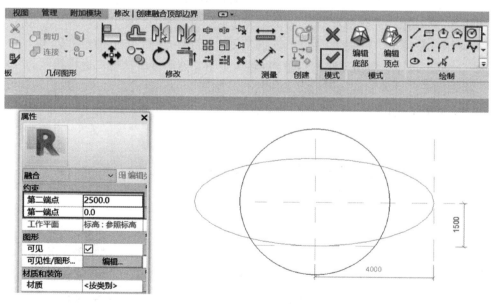

图 3-45　绘制顶部轮廓

视频：元宝

图 3-46　完成后的模型

2. 球形喷口（旋转）

下面以 2020 年第二期"1+X"建筑信息模型（BIM）职业技能等级考试初级实操试题的第一题为例，创建一个球形喷口。

根据图 3-47 给定尺寸，创建球形喷口模型；要求尺寸准确，并对球形喷口材质设置为"不锈钢"，请将模型以文件名"球形喷口 + 考生姓名"保存至本题文件夹中。

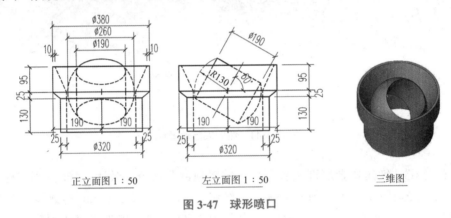

图 3-47　球形喷口

操作 1：新建族

打开软件，执行"族"→"新建"命令，选择样板"公制常规模型"，打开族编辑器界面。

操作 2：创建喷口外部形状

切换到"左立面"视图，在中心线右边绘制旋转图形，执行"创建"→"形状"→"旋转"命令，激活"修改 | 创建旋转"上下文选项卡，执行"边界线"→"直线"命令，根据图纸尺寸绘制旋转图形，然后执行"轴线"→"直线"命令绘制旋转轴线。最后单击"完成编辑模式"按钮"√"，完成创建，如图 3-48 所示。

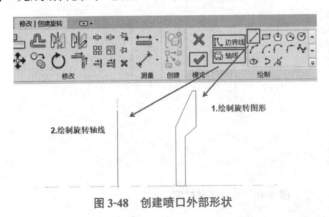

视频：球形喷口

图 3-48　创建喷口外部形状

操作 3：创建喷口内部球体

创建方法与上一个步骤类似，使用"旋转"命令绘制旋转图形和轴线，完成创建，如图 3-49 所示。

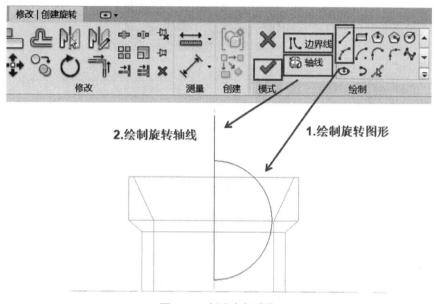

图 3-49　创建内部球体

操作 4：创建球体内部空心形状

创建方法与上一个步骤类似，使用"空心旋转"命令绘制旋转图形和轴线，完成创建，如图 3-50 所示。

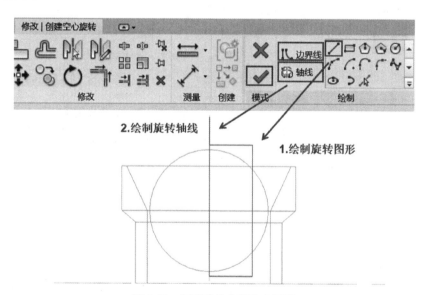

图 3-50　创建球体内部空心形状

操作 5：调整空心形状的方向

选择空心形状，执行"修改 | 空心旋转"→"旋转"命令，单击空心形状上方边界的

中点,向右移动鼠标光标,看到角度为 30° 时,单击鼠标左键完成旋转,如图 3-51 所示。

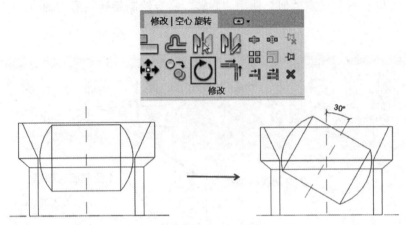

图 3-51 调整空心形状方向

操作 6:设置材质

在三维视图中,选择实体部分(注意不要选中空心形状),在"属性"面板中单击"材质"框,再单击右边的"浏览"按钮,在打开的"材质浏览器"中搜索"不锈钢",单击库面板的"不锈钢"材质右边向上的箭头,将材质添加到文档中,单击"确定"按钮,完成模型创建,如图 3-52 所示。

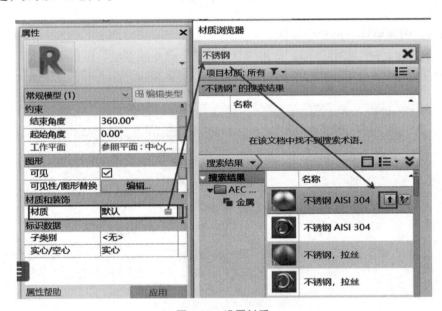

图 3-52 设置材质

1.5 课后练习:气水分离器

本练习题是 2021 年第一期"1+X"建筑信息模型(BIM)职业技能等级考试初级实操试题的第二题。

根据给定尺寸(图 3-53),创建气水分离器模型,气水分离器三个基脚间角度 120°,材质整体设为"不锈钢",请将模型以"气水分离器+考生姓名"保存至本题文件夹中。

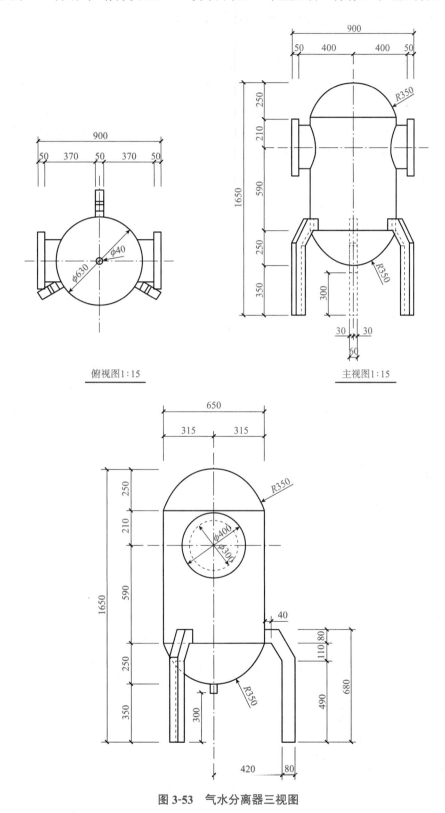

俯视图1:15

主视图1:15

图 3-53 气水分离器三视图

1.6 课堂案例：仿交通锥、英雄纪念碑（放样）

1. 仿交通锥

下面以 2020 年第一期 "1+X" 建筑信息模型（BIM）职业技能等级考试初级实操试题的第一题为例，创建一个仿交通锥。

绘制仿交通锥模型，具体尺寸如图 3-54 给定的投影图所示，创建完成后以"仿交通锥 + 考生姓名"为文件名保存至考生文件夹中。

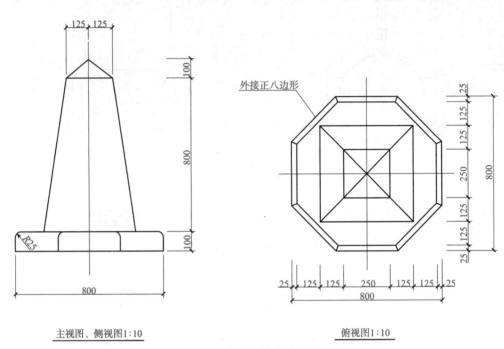

图 3-54 仿交通锥三视图

操作 1：新建族

打开软件，执行"族"→"新建"命令，选择样板"公制常规模型"，打开族编辑器界面。

操作 2：创建仿交通锥底座

在"参照标高"视图中，执行"创建"→"形状"→"放样"命令，激活"修改 | 放样"上下文选项卡，单击"绘制路径"，激活"修改 | 放样 > 绘制路径"上下文选项卡，执行"外接多边形"命令，设置"边"为 8，以中心线交点为圆心，绘制一个半径为 400 mm的圆，注意把红点所在的参照平面位置移动至正视图位置，再单击生成一个八边形。单击"完成编辑模式"按钮"√"，完成放样路径的绘制，如图 3-55 所示。

完成路径后，单击"修改 | 放样"上下文选项卡下"编辑轮廓"，在弹出的"转到视图"对话框中选择"立面：前"，单击"打开视图"，如图 3-56 所示。

绘制放样形状：在"修改 | 放样 > 编辑轮廓"上下文选项卡下，执行"直线"和"圆角弧"命令绘制出放样形状，单击"完成编辑模式"按钮"√"完成放样形状绘制，在"修改 | 放样"上下文选项卡下再单击"完成编辑模式"按钮"√"完成放样，如图 3-57 所示。

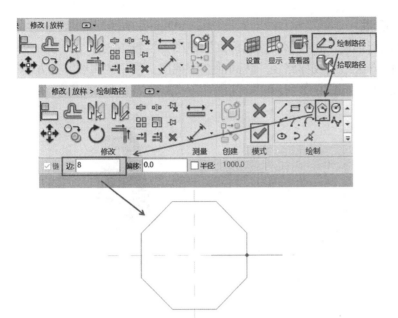

视频：仿交通锥

图 3-55 绘制底座放样路径

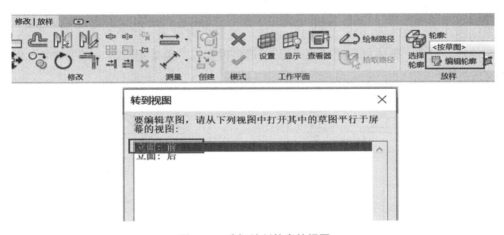

图 3-56 选择绘制轮廓的视图

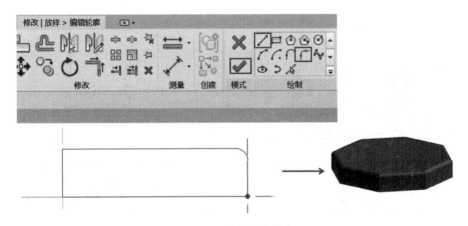

图 3-57 绘制底座轮廓

操作 3：创建上部形状

使用放样的方法进行创建。切换到"参照标高"视图，执行"放样"命令，根据图纸尺寸，使用"直线"的方法绘制放样路径。转到前立面视图，使用"直线"的方法绘制放样形状。完成模型的创建，如图 3-58 所示。

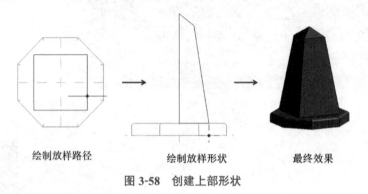

绘制放样路径　　　　　绘制放样形状　　　　　最终效果

图 3-58　创建上部形状

2. 英雄纪念碑

下面以 2021 年中国国学学会第七期"1+X"建筑信息模型（BIM）职业技能等级考试初级实操试题的第二题为例，创建一个英雄纪念碑。

根据图 3-59、图 3-60 给定的尺寸，创建英雄纪念碑模型，建模方式不限，文字字体、深度与位置自定义，整体材质为"花岗岩"，请将模型以"英雄纪念碑 + 考生姓名"保存至本题文件夹中。

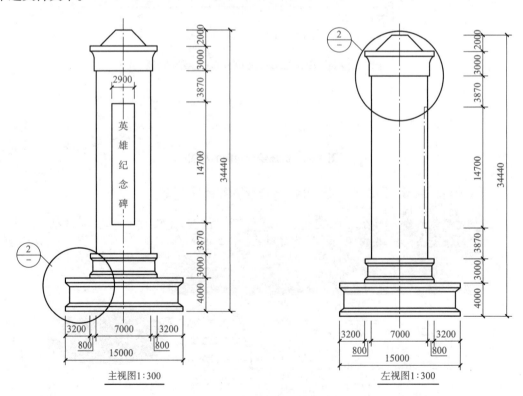

图 3-59　英雄纪念碑三视图

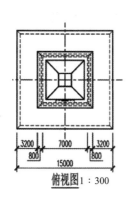
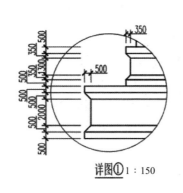
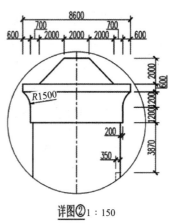

俯视图1∶300　　　　　　详图①1∶150　　　　　　详图②1∶150

图 3-60　英雄纪念碑详图

操作 1：新建族

打开软件，执行"族"→"新建"命令，选择样板"公制常规模型"，打开族编辑器界面。

操作 2：创建放样路径

在"参照标高"视图中，执行"创建"→"形状"→"放样"命令，激活"修改|放样"上下文选项卡，单击"绘制路径"按钮，激活"修改|放样>绘制路径"上下文选项卡，执行"直线"命令，根据图纸尺寸，绘制一个 15 000 mm×15 000 mm 的矩形。单击"完成编辑模式"按钮"√"，完成放样路径的绘制，如图 3-61 所示。

图 3-61　创建放样路径

完成路径后，在"修改|放样"上下文选项卡中单击"编辑轮廓"按钮，在弹出的"转到视图"对话框中选择"立面：前"，单击"打开视图"，如图 3-62 所示。

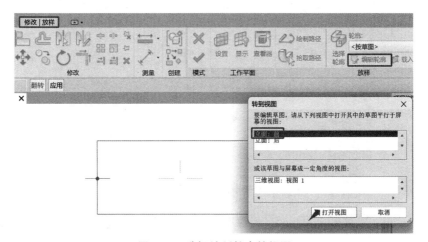

图 3-62　选择绘制轮廓的视图

操作 3：创建放样轮廓并生成模型

在"修改|放样>编辑轮廓"上下文选项卡下，按照图纸尺寸，执行"直线"和"起

点 - 终点 - 半径弧"命令绘制出放样形状，单击"完成编辑模式"按钮"√"完成放样形状绘制，在"修改 | 放样"上下文选项卡中再单击"完成编辑模式"按钮"√"完成放样，如图 3-63 所示。

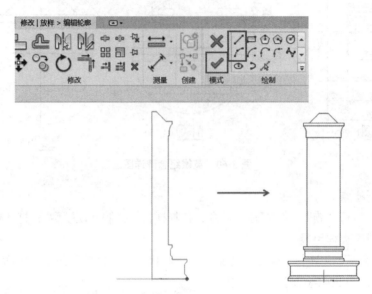

图 3-63　创建放样轮廓并生成模型

操作 4：创建文字处的空心形状

切换到"左立面"视图，执行"创建"→"空心形状"→"空心拉伸"命令，激活"修改 | 空心拉伸"上下文选项卡，按照图纸，执行"直线"命令绘制一个 350 mm × 14 700 mm 的矩形。在"属性"面板中设置"拉伸起点"为 –1 450，"拉伸终点"为 1 450。然后单击"完成编辑模式"按钮"√"，完成创建，如图 3-64 所示。

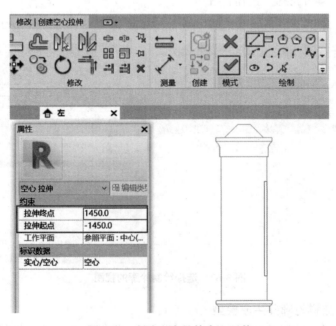

图 3-64　创建文字处的空心形状

操作 5：创建模型文字

切换到"前立面"视图，在"创建"选项卡中单击"模型文字"按钮，在弹出的"编辑文字"按钮对话框中输入"英雄纪念碑"，单击绘图区域空白处放置文字。选择文字，在"属性"面板单击"编辑类型"按钮，弹出"类型属性"对话框，修改文字字体为竖向字体"@隶书"，文字大小为"1500"，单击"确定"按钮。题目中对文字深度没有要求，如需修改可以在"属性"选项板中修改，如图 3-65 所示。

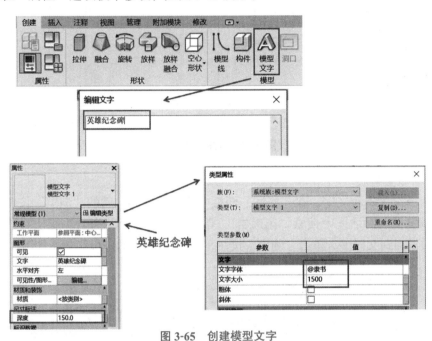

图 3-65　创建模型文字

选择文字，执行"修改|模型文字"上下文选项卡下的"旋转"命令，把文字改为竖向，执行"拾取新的工作平面"命令，拾取纪念碑平面，把文字移动到纪念碑中，最后用"移动"命令调整文字位置，如图 3-66 所示。

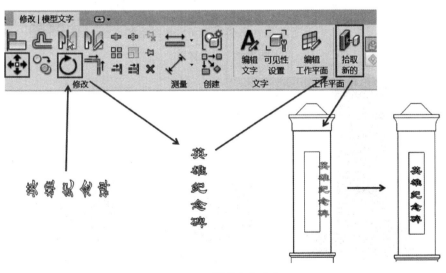

图 3-66　调整文字方向

切换到"左立面"视图，再用"对齐"命令把文字对齐到相应的位置，如图3-67所示。

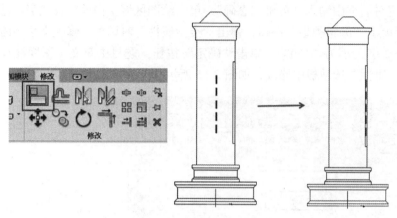

图 3-67　调整文字位置

操作 6：设置材质

同时选择纪念碑和文字，在"属性"面板中单击"材质"后的"浏览"按钮，在打开的"材质浏览器"对话框中搜索"花岗岩"，单击库面板的"花岗岩"材质右边向上的箭头，把材质添加到文档中，单击"确定"按钮，如图3-68所示。最终效果如图3-69所示。

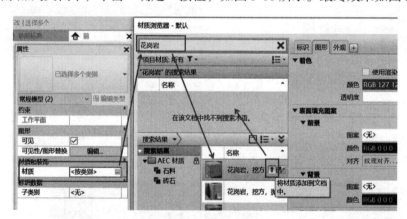

图 3-68　设置材质

图 3-69　完成后的模型

视频：英雄纪念碑 1

视频：英雄纪念碑 2

1.7 课后练习：吊灯

本练习题是"全国BIM技能等级考试"一级试题的一道题目。

根据平面图及立面图（图3-70）给定的尺寸，建立吊灯模型。请以"吊灯"为文件名保存到考生文件夹中。

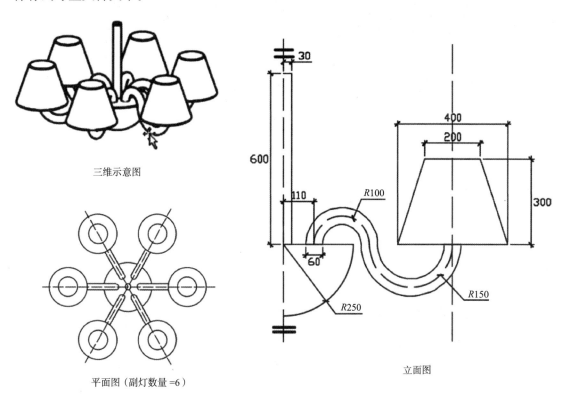

三维示意图

平面图（副灯数量=6）

立面图

图3-70 吊顶三维示意图和平、立面图

1.8 创建内建族：创建小别墅的散水和室外台阶、拱门墙

前面案例的模型都是直接创建外建族来完成的。本节的两个案例使用内建族进行创建。

1. 创建小别墅的散水

前面小别墅的散水和室外台阶是使用楼板创建的，现在使用内建族的方法进行创建。

操作1：打开内建模型

在小别墅项目文件中，单击"建筑"选项卡"构建"面板"构件"下拉按钮，在下拉列表中单击"内建模型"，在弹出的"族类别和族参数"对话框中的过滤器列表选择"建筑"，单击选择下方的"场地"类别，单击"确定"按钮。在弹出的"名称"对话框中输入名称"散水和台阶"，单击"确定"按钮。打开族编辑器界面，如图3-71所示。

操作2：绘制散水放样路径

在"标高4（-0.450）"楼层平面视图中，执行"创建"→"形状"→"放样"命令，

激活"修改|放样"上下文选项卡,单击"绘制路径"按钮,激活"修改|放样>绘制路径"上下文选项卡,根据图纸,使用"直线"命令,沿着外墙体的边绘制散水的放样路径。单击"完成编辑模式"按钮"√",如图 3-72 所示。

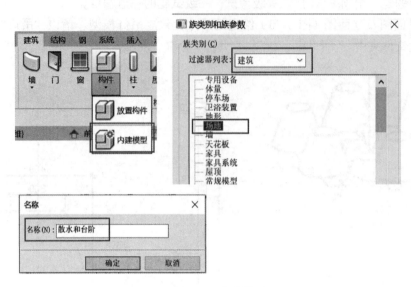

图 3-71　打开内建模型

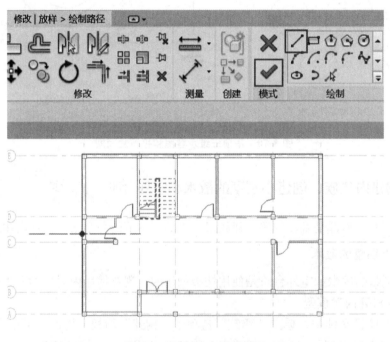

图 3-72　绘制散水放样路径

操作 3:转到其他视图绘制轮廓

完成路径后,单击"修改|放样"上下文选项卡"编辑轮廓",在弹出的"转到视图"对话框中选择"立面:南",单击"打开视图"。如图 3-73 所示。

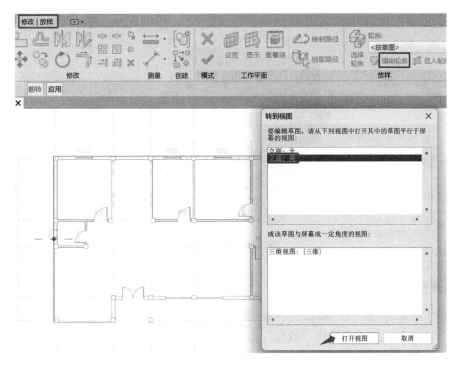

图 3-73 选择绘制轮廓的视图

操作 4：绘制散水放样形状

在"修改 | 放样 > 编辑轮廓"上下文选项卡，根据散水的宽度 800 mm 和高度 100 mm，执行"直线"命令，在红点处绘制一个三角形，单击"完成编辑模式"按钮"√"完成放样形状绘制，在单击"修改 | 放样"上下文选项卡中的"完成编辑模式"按钮"√"完成放样，如图 3-74 所示。

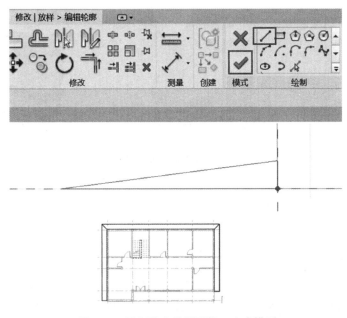

图 3-74 绘制散水放样形状，完成模型

完成后效果如图 3-75 所示。

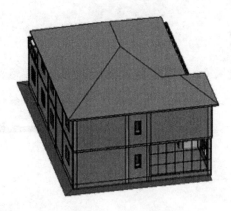

图 3-75　完成效果

2. 创建台阶

台阶的创建方法与散水相同，使用放样进行创建。根据图纸尺寸，在"标高 4（–0.450）"楼层平面视图中执行"放样"命令，绘制路径。完成路径后，转到"东立面"视图，绘制放样形状，完成放样，如图 3-76 所示。

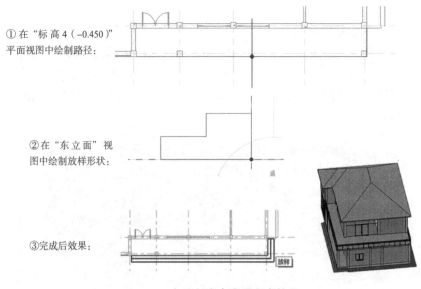

① 在"标高 4（–0.450）"平面视图中绘制路径：

② 在"东立面"视图中绘制放样形状：

③ 完成后效果：

图 3-76　台阶创建步骤及完成效果

在考证题目中，没有要求设置散水和台阶的材质。在完成了模型的创建后，可以选择模型，在"属性"选项板中设置材质。

散水和台阶都创建完成后，单击选项卡中的"完成模型"按钮，完成内建族的创建，返回建筑项目（如果要取消创建，则单击"取消模型"按钮）。返回建筑项目后如果还需要对模型进行修改编辑，则选择模型，单击"修改|常规模型"上下文选项卡"模型"面板中的"在位编辑"，打开族编辑器界面，就可以进行修改编辑了，如图 3-77 所示。

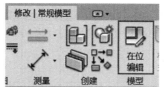

视频：散水和台阶

图 3-77 完成模型返回到建筑项目

3. 拱门墙

下面以 2019 年第一期"1+X"建筑信息模型（BIM）职业技能等级考试初级实操试题的第一题为例，创建一个拱门墙。

绘制图 3-78 墙体，墙体类型、墙体高度、墙体厚度及墙体长度自定义，材质为灰色普通砖，并参照图 3-78 标注尺寸在墙体上开一个拱门洞。以内建常规模型的方式沿洞口生成装饰门框，门框轮廓材质为樱桃木，样式见 1—1 剖面图（图 3-79）。创建完成后以"拱门墙 + 考生姓名"为文件名保存至考生文件夹中。

要求：（1）绘制墙体，完成洞口创建；

（2）正确使用内建模型工具绘制装饰门框。

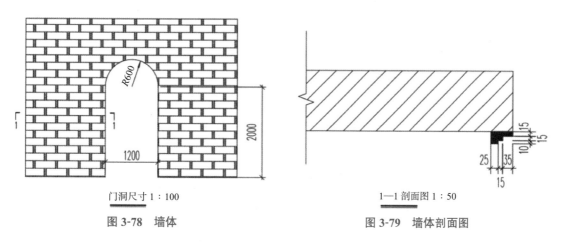

门洞尺寸 1 : 100

图 3-78 墙体

1—1 剖面图 1 : 50

图 3-79 墙体剖面图

创建步骤如下。

操作 1：新建项目

打开软件，执行"项目"→"新建"命令，选择样板"建筑模型"，新建一个项目，打开软件界面。

操作 2：创建墙体

根据题目要求，在"标高 1"平面视图中，执行"建筑"→"墙体"命令，在"属性"面板中单击"编辑类型"按钮，在"类型属性"对话框中单击"复制"按钮，新类型命名为"拱门墙"。单击结构的"编辑"按钮，在弹出的"编辑部件"对话框中设置材质为"灰色普通砖"。墙体高度自定义，本案例在"属性"面板中设置"无连接高度"为 3 500 mm，如图 3-80、图 3-81 所示。

在"标高 1"视图中，绘制一个长度为 5 000 mm 的墙体。切换到"南立面"视图，选择墙体，单击"修改 | 墙"上下文选项卡的"编辑轮廓"，激活"修改 | 墙 > 编辑轮廓"上

下文选项卡，根据图纸，使用"直线"和"起点 - 终点 - 半径弧"命令绘制墙体的轮廓，使用"拆分图元"命令和"修剪"命令修剪多余线段（墙体的轮廓线要首尾相连），单击"完成编辑模式"按钮"√"完成编辑，如图 3-82 所示。

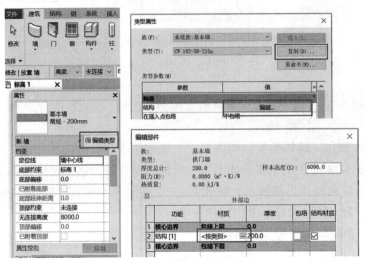

图 3-80　创建墙体类型

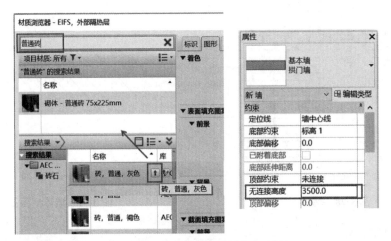

图 3-81　设置材质和高度

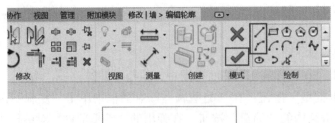

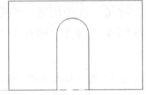

图 3-82　修改墙体轮廓

操作 3：创建装饰门框

执行"建筑"→"构件"→"内建模型"命令，在弹出的"族类别和族参数"对话框中，"过滤器"列表选择"建筑"，单击选择"常规模型"，单击"确定"按钮。在弹出的"名称"对话框中输入名称为"装饰门框"，单击"确定"按钮，如图 3-83 所示，打开族编辑器界面。

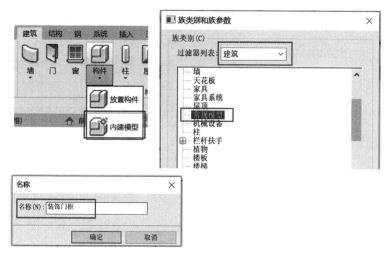

图 3-83 打开内建模型

在"前立面"视图中，执行"创建"→"形状"→"放样"命令，激活"修改 | 放样"上下文选项卡，单击"绘制路径"按钮，弹出"工作平面"对话框，选择"拾取一个平面"，单击拾取墙体表面。在"修改 | 放样 > 绘制路径"上下文选项卡，执行"拾取线"命令拾取门框轮廓线，确定放样路径。单击"完成编辑模式"按钮"√"，如图 3-84 所示。

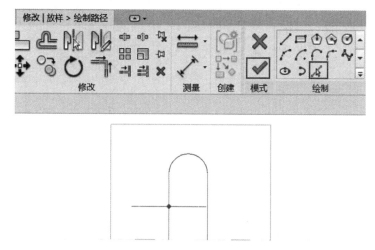

图 3-84 拾取门框放样路径

完成路径后，单击"修改 | 放样"上下文选项卡"编辑轮廓"按钮，在弹出的"转到视图"对话框中选择"楼层平面：标高 1"，单击"打开视图"按钮，如图 3-85 所示。

在"修改 | 放样 > 编辑轮廓"上下文选项卡下，根据图纸尺寸，执行"直线"命令，在红点处开始绘制放样形状，单击"完成编辑模式"按钮"√"完成放样形状绘制，再单

击"修改|放样"上下文选项卡"完成编辑模式"按钮"√"完成放样，如图 3-86 所示。

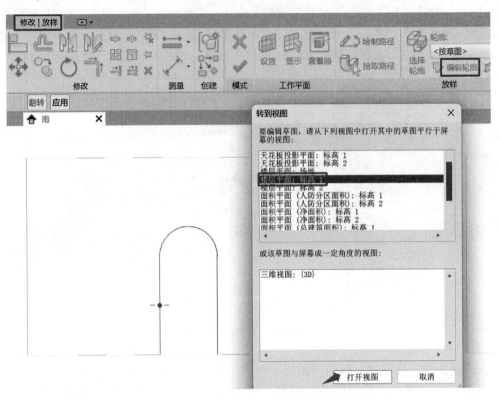

图 3-85 选择绘制轮廓的视图

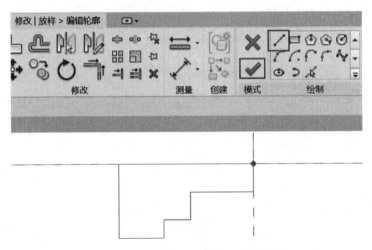

图 3-86 绘制门框放样形状，完成模型

操作 4：设置材质

选择门框，在"属性"面板中单击"材质"后的"浏览"按钮，在打开的"材质浏览器"中搜索"樱桃木"，选择"樱桃木"，单击"确定"按钮，如图 3-87 所示。完成后单击"完成模型"按钮。最终效果如图 3-88 所示。

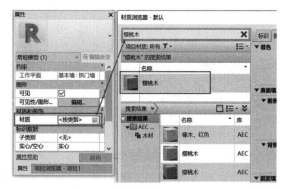

图 3-87 设置材质

图 3-88 完成后的模型

视频：拱门墙

1.9 岗位任务

根据岗位任务的图纸，使用族创建窗 C3。

◎小结与自我评价

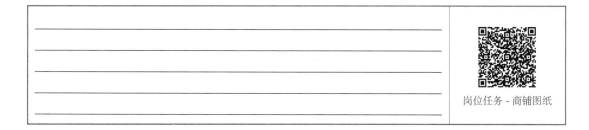

岗位任务 - 商铺图纸

任务 2 体量的创建与编辑

⊕ 学习目标

知识目标：

1. 理解体量的基本知识。

2. 掌握体量的建模方法。

能力目标：

1. 具备使用软件进行建模的能力。

2. 具备通过 BIM 职业技能等级考试的能力。

3. 具有融会贯通解决实际问题的能力。

素养目标：

1. 培养学生综合运用所学知识分析问题和解决问题的能力。

2. 培养学生自主学习 BIM 相关知识的能力，养成科学的思维方式，抽象问题形象化。

3. 培养学生的创新思维，认真思考的职业精神和耐心细致、一丝不苟的工作态度。

🔍 任务指引

任务要求	根据课堂案例要求，掌握体量的建模方法，具备解决实际问题的能力。结合 BIM 等级考试真题，熟悉考证要求
任务准备	1. 理解体量的基本知识。 2. 阅读课堂案例题目，了解任务要求。 3. 掌握体量的建模操作

```
                                    ┌── 新建体量
                   ┌─ 体量的基本操作 ─┤
                   │                └── 基本操作方法
                   │
                   │              ┌─ 拉伸 ── 绘制拉伸形状→创建形状→修改拉伸高度
                   │              │
                   │              ├─ 融合 ── 绘制底部和顶部融合面形状→创建形状
                   │              │
任务2  体量的 ──────┼─ 创建模型 ───┤─ 旋转 ── 绘制旋转轮廓→绘制旋转轴→创建形状
创建与编辑          │              │
                   │              ├─ 放样 ── 绘制放样路径→绘制放样轮廓→创建形状
                   │              │
                   │              └─ 放样融合 ─ 绘制放样路径→分别绘制两个放样轮廓→创建形状
                   │
                   │              ┌── 创建内建体量
                   │              │
                   │              ├── 创建面墙
                   │              │
                   └─ 创建体量建筑 ┤── 创建面屋顶
                                  │
                                  ├── 创建面楼板
                                  │
                                  └── 创建幕墙系统
```

体量的创建与编辑任务反馈表

序号	任务内容	完成情况	任务分值	评价得分
1	创建杯形基础		20	
2	创建水塔		20	
3	创建体量楼层		20	
4	课后习题		40	
合计			100	

思政元素

举一反三，融会贯通

"举一反三，融会贯通"出自朱熹《朱子全书·学三》："举一而反三，闻一而知十，乃学者用功之深，穷理之熟，然后能融会贯通，以至於此。"

释义：能够运用所学，从一件事情上，说出其他类似的相同事情，是学的人功夫花得深，精熟道理，融会贯通才能达到的境界。

做学问要学会举一反三，融会贯通，把各方面的知识和道理融合贯穿在一起，从而取得对事理全面透彻的理解，能够从一件事物的情况、道理类推而知道许多事物的情况、道理。这是学者用心钻研，认真刻苦，探寻真理，然后融合多方面的知识理论，达到全面透彻的领悟，才会获取这样的结果。只有具备完善的知识结构和敏锐的思维能力，去粗取精、去伪存真、由此及彼、由表及里，才能从个性中寻找共性，从现象中发现规律。

2.1 体量的基本操作

1. 体量的概念

概念体量在 Revit 中也叫作概念设计，概念设计环境是一种族编辑器，主要应用于建筑概念及方案设计阶段，通过这种环境，用户可以直接操作设计中的点、线和面，形成可构建的形状。

2. 体量的基本操作

（1）可以创建内建体量，如图 3-89 所示，也可以创建可载入的外建体量，单击族下的

"新建"按钮，弹出"新族 - 选择样板文件"对话框，在"概念体量"文件夹中，单击打开"公制体量"样板，如图 3-90 所示。

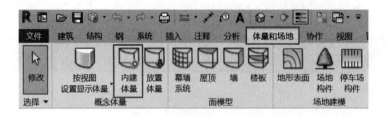

视频：体量基本操作

图 3-89　新建内建体量

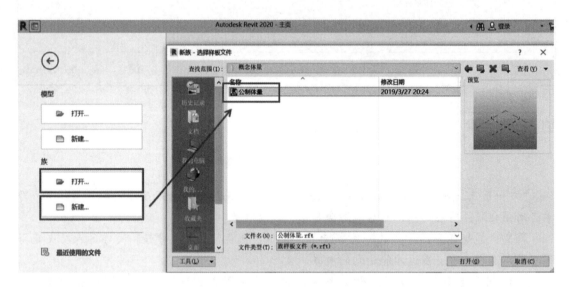

图 3-90　新建外建体量或打开已有体量文件

（2）体量族编辑器界面如图 3-91 所示。绘图区域默认显示的是三维视图。

（3）创建三维模型。在体量概念设计环境下对模型的创建，不再拘泥于一个个体，还可以扩展到一个点、一条线，甚至是一个表面。同时，概念设计环境还提供了一种与标准族编辑器截然不同的模型创建顺序。标准族编辑器在创建模型之初就必须选定生成模型的命令，如拉伸、融合、旋转、放样或放样融合，然后绘制模型的截面形状、路径或轴线。概念设计环境恰恰与之相反，用户不必进入某一种建模命令界面，而是直接通过模型线或参照线绘制生成模型的轮廓、路径或轴线，之后通过"创建形状"工具由系统根据所提供的图形判断生成模型。

在"创建"选项卡下的绘制面板中，选择绘制方式（软件默认是在面上绘制），完成模型轮廓或路径绘制，选择"创建形状"选项，完成体量绘制，如图 3-92 所示。

1）拉伸：基于开放的线或者闭合轮廓创建。创建过程如图 3-93 所示。

2）融合：由两个或两个以上平行或非平行工作平面上绘制图形，创建形状。要产生融合效果，需要提供多个轮廓图形，它的路径由系统根据被融合图形的几何中心自动定义。创建过程如图 3-94 所示。

234

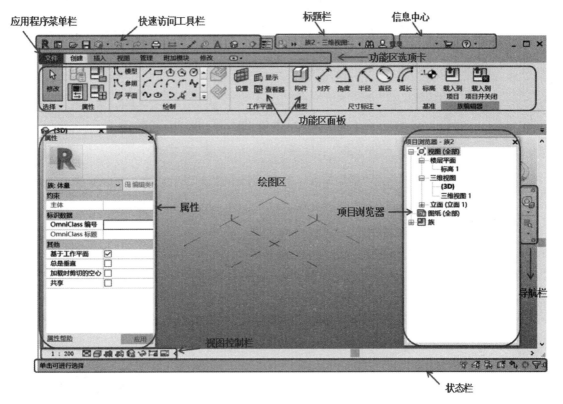

图 3-91　体量族编辑器界面

在面上绘制

在工作平面上绘制

图 3-92　建模方法

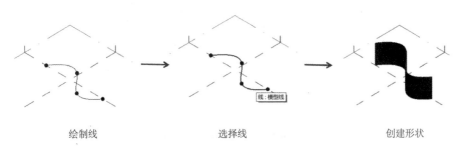

绘制线	选择线	创建形状

图 3-93　拉伸

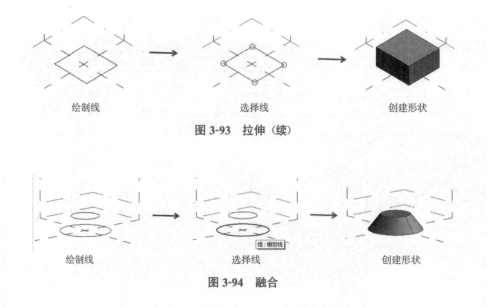

绘制线　　　　　　　　　选择线　　　　　　　　　创建形状

图 3-93　拉伸（续）

绘制线　　　　　　　　　选择线　　　　　　　　　创建形状

图 3-94　融合

3）旋转：基于绘制在同一工作平面上的轴线和二维形状线。二维形状绕该轴旋转后形成三维形状。创建过程如图 3-95 所示。

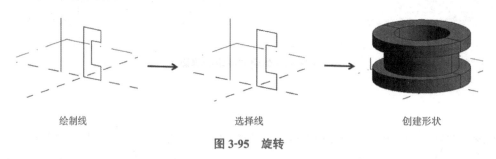

绘制线　　　　　　　　　选择线　　　　　　　　　创建形状

图 3-95　旋转

用户还可以对已有实体的旋转角度进行编辑。选择创建好的旋转实体，在"属性"面板中，可以修改"起始角度"和"结束角度"（起止角度旋转方向为逆时针），如图 3-96 所示。

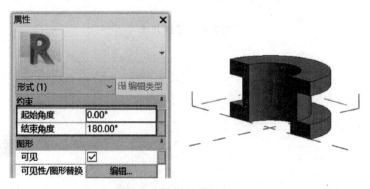

图 3-96　修改实体旋转角度

4）放样：通过绘制路径和二维轮廓进行放样，创建三维形状，如图 3-97 所示。

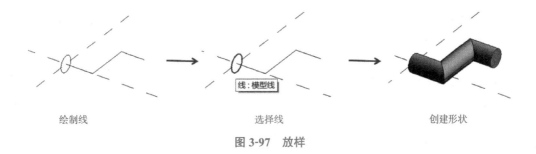

绘制线   选择线   创建形状

图 3-97 放样

5）放样融合：可以创建具有两个不同轮廓的融合体和一条路径图形，然后沿路径进行放样，如图 3-98 所示。

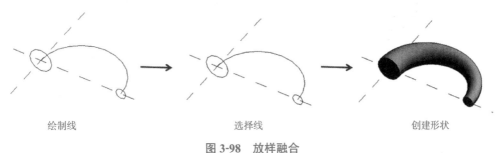

绘制线   选择线   创建形状

图 3-98 放样融合

6）空心形状：用于删除实心形状的一部分。其模型创建功能与"实心形状"工具基本相同。选中提供生成"形状"的模型线图形，执行"修改|线"→"形状"→"创建形状"→"空心形状"命令，完成创建。

实体和空心形状可以相互转换。选中实体，在"属性"面板中可将实体转变成空心，如图 3-99 所示。

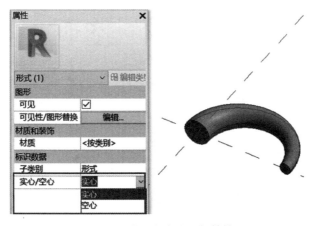

图 3-99 实心和空心互相转换

7）局部修改编辑：标准族编辑器对于模型的修改只局限在对整个模型体的修改，在概念设计环境中除对模型体的修改外，还提供了多种特有的修改工具，使用户可以对一个表面、一条线，甚至是一个点进行修改，从而使修改的过程更加灵活。这些修改的工作可以在三维视图中进行操作。

首先选择对象，可以选择整个形状，或者形状上的任何边、表面或顶点，将鼠标光标移至任何形状图元上，以将其高亮显示。

再单击选择该形状图元，或者反复按"Tab"键循环显示可选图元，然后可以在所需图元高亮显示时单击进行选择。最后可以通过拖拽三维控件的三个箭头调整尺寸，或者通过修改临时尺寸进行修改，如图 3-100 所示。

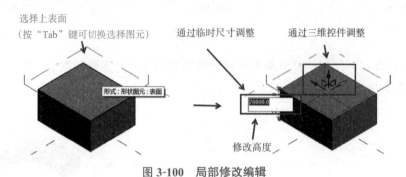

图 3-100　局部修改编辑

2.2　课堂案例：杯形基础

下面以中国图学学会第三期 BIM 技能一级考试试题的第三题为例，创建一个杯形基础。

根据图 3-101 中给定的投影尺寸，创建形体体量模型，基础底标高为 –2.1 m，设置该模型材质为混凝土。请将模型体用"模型体积"为文件名以文本格式保存在考生文件夹中，模型文件以"杯形基础"为文件名保存到考生文件夹中。

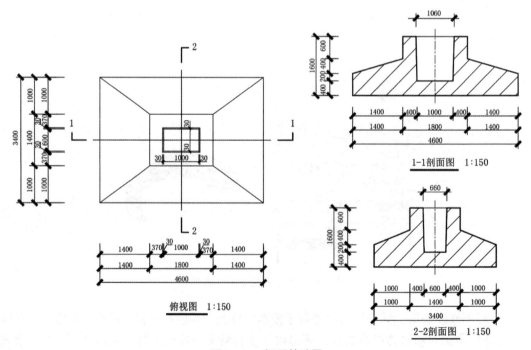

图 3-101　杯形基础图

题目中要求保存"建筑体积"，因为"建筑体积"需要把体量载入建筑项目才能得到，所以本题用内建体量来创建更加方便。

创建步骤如下。

操作 1：新建项目

打开软件，执行"项目"→"新建"命令，选择"建筑样板"，新建一个建筑项目。

操作 2：创建标高

打开"南立面"视图，执行"建筑"→"标高"命令，绘制一个下标头标高，高度为 –2.1 m，将名称改为"杯形基础"，删除默认的两个标高，如图 3-102 所示。

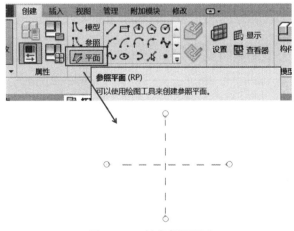

图 3-102　创建标高

操作 3：打开内建体量

单击"体量和场地"选项卡"概念体量"面板中的"内建体量"，题目没有要求，故名称默认，单击"确定"按钮，如图 3-103 所示。

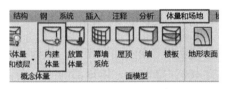 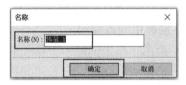

图 3-103　打开内建体量

操作 4：创建参照平面

进入体量编辑界面，为了便于绘图，首先创建两个参照平面。执行"创建"→"参照平面"命令，绘制两个参照平面，如图 3-104 所示。

图 3-104　创建参照平面

操作 5：创建底部立方体

在"杯形基础"视图中，执行"修改"→"模型"→"线"命令，激活"修改|放置线"上下文选项卡，默认在面上绘制，以两个参照平面的交点为中心，绘制一个 4 600 mm × 3 400 mm 的矩形，然后执行"修改|放置 线"→"创建形状"→"实心形状"命令。绘图时要确认绘制工作平面，建议养成在工作平面上绘制的习惯。切换到三维视图，选择立方体的上表面，修改临时尺寸标注数值为 600，如图 3-105 所示。

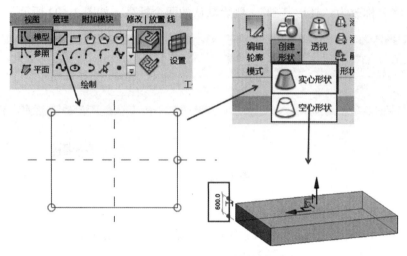

图 3-105 创建底部立方体

操作 6：创建中间四棱台

为了便于绘图，首先创建一个参照平面。切换到"南立面"视图，执行"修改"→"参照平面"→"拾取线"命令，设置"偏移"为 400，拾取立方体顶部的线，绘制一个参照平面。单击参照平面一端的"单击以命名"，命名为"1"，按"Enter"键，如图 3-106 所示。

图 3-106 绘制参照平面

切换到"杯形基础"平面视图，执行"修改"→"模型"→"线"命令，激活"修改|放置 线"上下文选项卡，选择"在工作平面上绘制"，设置"放置平面"为"参照平面：1"，绘制一个以参照平面交点为中心的 1 800 mm × 1 400 mm 的矩形。切换到三维视图，按"Ctrl"键，同时选择立方体的上表面和刚绘制的矩形，然后执行"修改|选择多

240

个"→"创建形状"→"实心形状"命令，如图 3-107 所示。

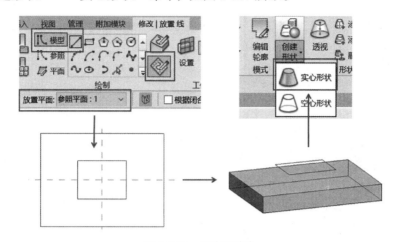

图 3-107　创建四棱台

操作 7：创建上方立方体

在三维视图中，选择四棱台上表面，然后执行"修改 | 形式"→"创建形状"→"实心形状"命令。在临时尺寸标注中把立方体的高度改为 600，如图 3-108 所示。

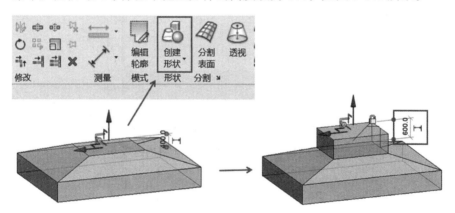

图 3-108　创建上方立方体

操作 8：连接形状

在三维视图中，执行"修改"→"连接"命令，选中要连接的三个形状，把形状连接起来。

操作 9：创建中间空心形状

"属性"面板中的"视图范围"会影响绘制平面的选择。将"视图范围"中的"顶部"和"剖切面"偏移值设置为大于形体的高度（剖切面的偏移值要小于等于顶部偏移值），如图 3-109 所示。

切换到"杯形基础"平面视图，选择"在面上绘制"，绘制两个以参照平面交点为中心的矩形（1 060 mm×660 mm，1 000 mm×600 mm），如图 3-110 所示。

切换到"南立面"视图，执行"修改"→"参照平面"→"拾取线"命令，设置"偏移"为 400，拾取底部标高线，绘制一个参照平面。单击参照平面一端的"单击以命名"，命名为"2"，按"Enter"键，如图 3-111 所示。

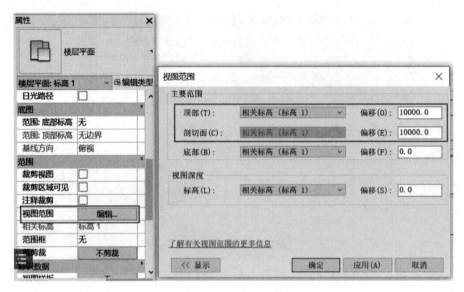

图 3-109 设置视图范围

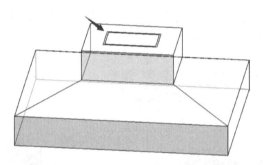

图 3-110 绘制四棱台底部和顶部的矩形

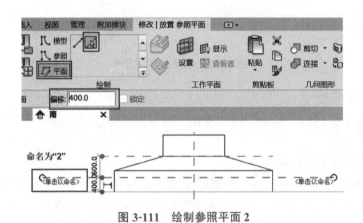

图 3-111 绘制参照平面 2

选中 1 000 mm × 600 mm 的矩形，在"修改 | 线"上下文选项卡"主体"下拉列表中选择"参照平面：2"，即可把矩形移到此平面，如图 3-112 所示。

按住"Ctrl"键，同时选中上下两个矩形，单击"创建形状"下的"空心形状"，完成杯口洞口的创建，如图 3-113 所示。

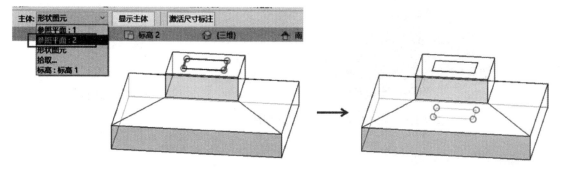

图 3-112　更改矩形所在平面

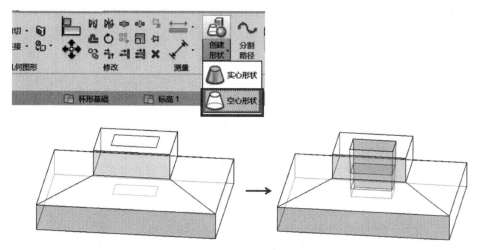

图 3-113　完成洞口创建

操作 10：设置材质

选择实体部分，在"属性"面板中单击"材质"后的"浏览"按钮，在弹出的"材质浏览器"中搜索"混凝土"，单击库面板的"混凝土，现场浇注"材质右边向上的箭头，把材质添加到文档中，单击"确定"按钮，如图 3-114 所示。最后单击"修改"选项卡的"完成体量"，返回到建筑项目编辑界面，如图 3-115 所示。

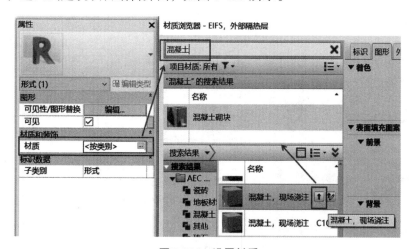

图 3-114　设置材质

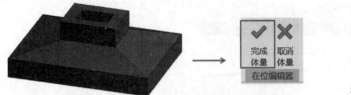

视频：杯形基础

图 3-115　完成体量，返回到建筑项目中

操作 11：保存模型体积

按照题目要求，需要将模型体积用"模型体积"为文件名以文本格式保存在考生文件夹中。选择模型，在"属性"面板中可以看到总体积为 13.376。总体积的单位没有显示出来，可以单击"管理"选项卡下的"项目单位"，在弹出的"项目单位"对话框中单击"体积"右边的数值，在弹出的"格式"对话框中设置显示单位符号 m^3，如图 3-116 所示，也可以使用这个方法把面积的单位设置显示单位符号 m^2。

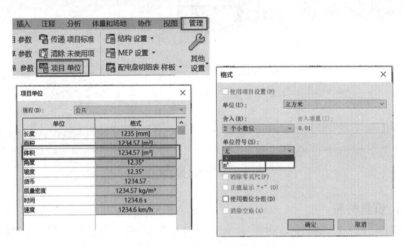

图 3-116　设置显示单位符号

在考生文件夹中空白处单击鼠标右键，新建一个文本文档，命名为"模型体积"。打开文档，输入体积"13.376 m^3"，执行"文件"→"保存"命令即可，如图 3-117 所示。

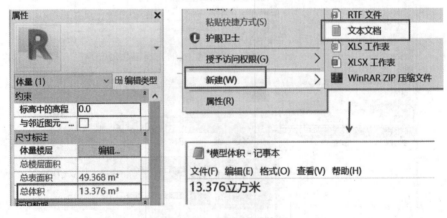

图 3-117　保存模型体积

2.3 课后练习：方圆大厦

本练习题是中国图学学会第十二期全国 BIM 技能等级考试一级试题的第三题。

根据图 3-118 给定的尺寸，用体量方式创建模型，请将模型文件以"方圆大厦 + 考生姓名"为文件名保存到考生文件夹中。

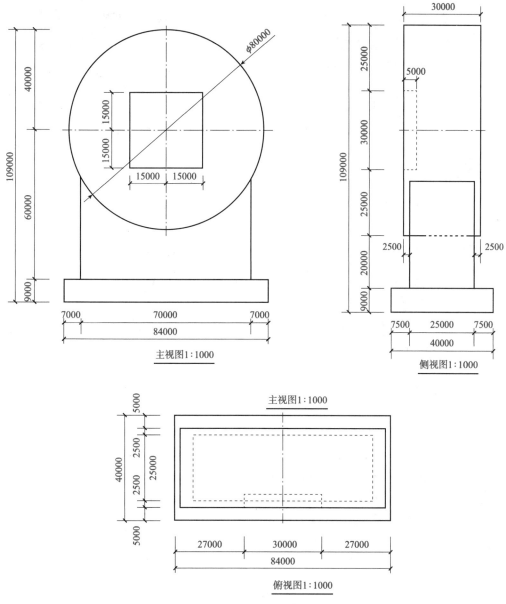

图 3-118 方圆大厦三视图

2.4 课堂案例：水塔

下面以"BIM 技能一级考试试题"的第三题为例，创建一个水塔。

图 3-119 所示为某水塔。请按图示尺寸要求建立该水塔的实心体量模型，水塔水箱上下曲面均为正十六面面棱台。最终以"水塔"为文件名保存在考生文件夹中。

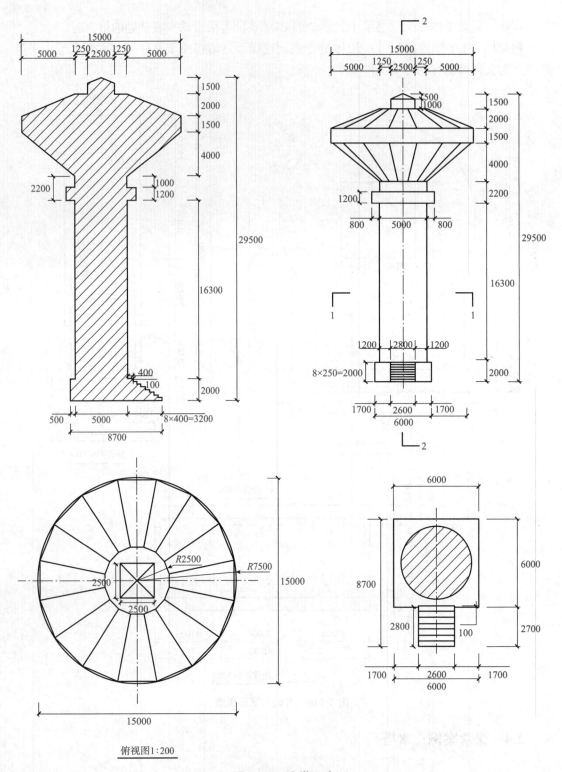

俯视图1:200

图 3-119 水塔尺寸

创建步骤如下。

操作1：新建族

打开软件，执行"族"→"新建"命令，弹出"概念体量"对话框，选择"公制体量"样板文件，打开体量编辑界面。

操作2：创建底座形状

根据图纸，底座是一个有凹槽的立方体。打开"标高1"平面视图，执行"修改"→"模型"→"线"命令，激活"修改|放置 线"上下文选项卡，默认在面上绘制，绘制底座图形，然后执行"修改|放置 线"→"创建形状"→"实心形状"命令。切换到三维视图，选择形状的上表面，修改临时尺寸标注数值为2 000，如图3-120所示。

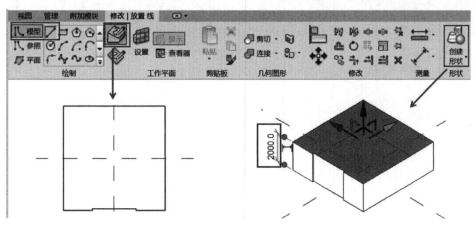

图3-120　创建底座形状

操作3：创建台阶

切换到"西立面"视图，把"视觉样式"改为"线框"。执行"修改"→"模型"→"线"命令，激活"修改|放置 线"上下文选项卡，默认在面上绘制，绘制台阶轮廓（轮廓闭合才能生成实体），然后执行"修改|放置 线"→"创建形状"→"实心形状"命令。切换到三维视图，选择台阶的西向表面，修改临时尺寸标注数值为2 600。切换到"南立面"视图，把台阶移动到中间位置，如图3-121所示。

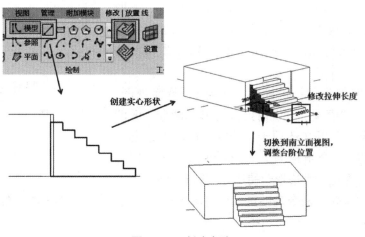

图3-121　创建台阶

操作 4：创建中间圆柱体

中间圆柱体可以使用拉伸或旋转的方法创建，现在以旋转的方法为例进行创建。在"南立面"视图中，执行"修改"→"模型"→"线"命令，激活"修改|放置 线"上下文选项卡，选择"在面上绘制"，绘制旋转图形和旋转轴线，然后同时选择旋转图形和轴线，执行"修改|放置 线"→"创建形状"→"实心形状"命令，如图 3-122 所示。建议绘制完成后调整视图范围。

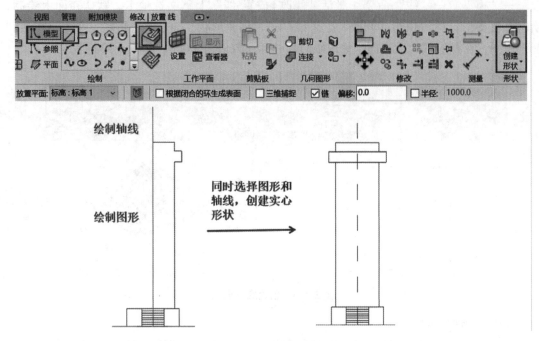

图 3-122　创建中间圆柱体

操作 5：创建正十六面面棱台

为了便于绘图，首先在棱台顶部位置创建一个参照平面。切换到"南立面"视图，执行"修改"→"参照平面"→"拾取线"命令，设置"偏移"为 4 000，拾取圆柱体顶部的线，绘制一个参照平面。单击参照平面一端的"单击以命名"，命名为"1"，按"Enter"键，如图 3-123 所示。

绘制棱台底部形状：切换到"标高 1"平面视图，执行"修改"→"模型"→"内接多边形"命令，激活"修改|放置 线"上下文选项卡，选择"在面上绘制"，边改为 16，绘制一个半径为 2 500 mm 的正十六边形。绘制完成后，选择正十六边形，使用在"修改|线"上下文选项卡下的"旋转"命令调整正十六边形的端点位置，如图 3-124 所示。

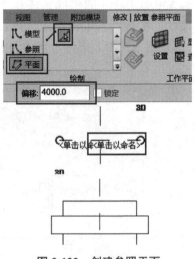

图 3-123　创建参照平面

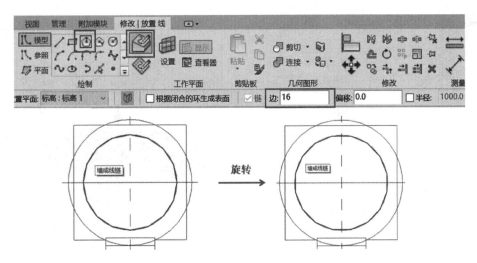

图 3-124　绘制棱台底部形状

绘制棱台顶部形状：绘制方法与上一步骤相同。注意在绘制前设置为"在工作平面上绘制"，设置"放置平面"为"参照平面：1"。绘制一个半径为 7 500 mm 的正十六边形，然后使用"旋转"命令调整端点位置。切换到三维视图，同时选择两个正十六边形，执行"修改 | 放置 线"上下文选项卡下的"创建形状"→"实心形状"命令，如图 3-125 所示。

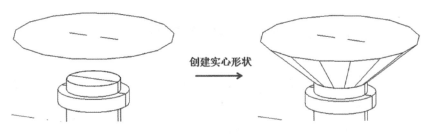

图 3-125　绘制棱台顶部形状，创建棱台

操作 6：创建圆柱体

切换到"标高 1"平面视图，执行"修改"→"模型"→"圆形"命令，激活"修改 | 放置 线"上下文选项卡，选择"在面上绘制"，绘制一个半径为 7 500 mm 的圆形，然后执行"修改 | 放置 线"上下文选项卡下的"创建形状"→"实心形状"命令，创建一个圆柱体。切换到三维视图，选择圆柱体的上表面，修改临时尺寸标注数值为 1 500，如图 3-126 所示。

操作 7：生成水箱上曲面

上曲面也是一个正十六面面棱台，与下曲面的区别是高度不同，可以使用"镜像"命令进行创建，再修改高度。切换到"南立面"视图，选择棱台，在"修改 | 形式"上下文选项卡下执行"镜像→绘制轴"命令，单击圆柱体中点绘制对称轴，完成镜像。切换到三维视图，选择棱台的上表面，修改临时尺寸标注数值为 2 000，如图 3-127 所示。

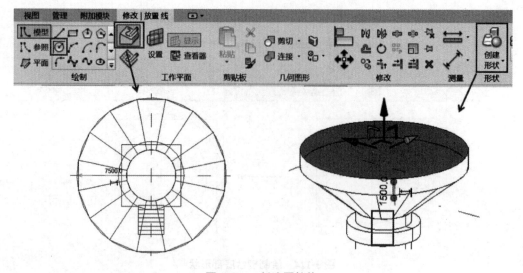

图 3-126　创建圆柱体

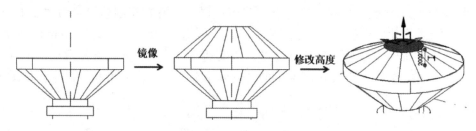

图 3-127　生成水箱上曲面

操作 8：创建顶部形状

顶部形状使用放样的方法进行创建。切换到"标高 1"平面视图，执行"修改"→"模型"→"线"命令，激活"修改 | 放置 线"上下文选项卡，选择"在面上绘制"，绘制路径（2 500 mm×2 500 mm 的正方形）。然后切换到"南立面"视图，执行"直线"命令，选择"在工作平面上绘制"，绘制放样图形。切换到三维视图，同时选择路径和放样图形，执行"修改 | 放置 线"上下文选项卡下的"创建形状"→"实心形状"命令，完成创建，如图 3-128 所示。最终效果如图 3-129 所示

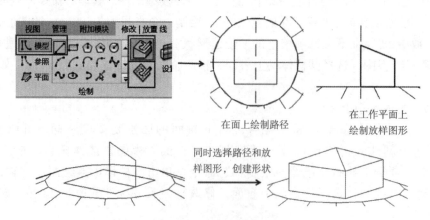

图 3-128　创建顶部形状

视频：水塔

图 3-129　完成后的模型

2.5　课后练习：建筑体量

本练习题是中国图学学会第十四期全国 BIM 技能等级考试一级试题中的第三题。

根据图 3-130 给定的尺寸，用体量方式创建模型，请将模型以"建筑体量 + 考生姓名"为文件名保存到考生文件夹中。

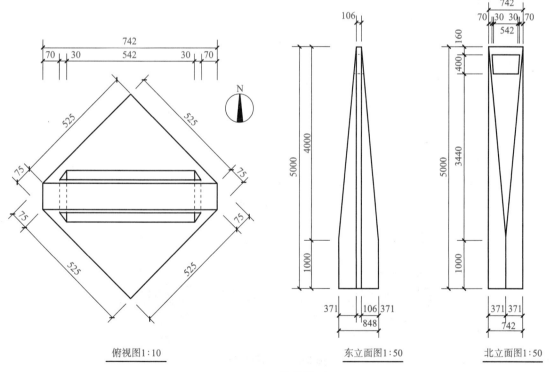

俯视图1:10　　　　　　　东立面图1:50　　　　　　北立面图1:50

图 3-130　体量模型

2.6　课堂案例：体量楼层

下面以 2019 年中国国学学会第一期"1+X"建筑信息模型（BIM）职业技能等级考试 - 初级 - 实操试题的第二题为例，创建一个体量楼层。

创建图 3-131 模型：

（1）面墙为厚度 200 mm 的"常规 –200 mm 厚面墙"，定位线为"核心层中心线"；

（2）幕墙系统为网格布局 600 mm×1 000 mm（即横向网格间距为 600 mm，竖向网格间距为 1 000 mm），网格上均设置竖梃，竖梃均为圆形竖梃半径 50 mm；

（3）屋顶为厚度为 400 mm 的"常规 –400 mm"屋顶；

（4）楼板为厚度为 150 mm 的"常规 –150 mm"楼板，标高 1 至标高 6 上均设置楼板。

请将该模型以"体量楼层 + 考生姓名"为文件名保存至考生文件夹中。

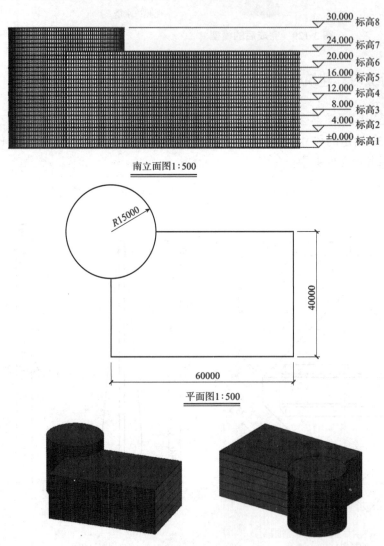

图 3-131　体量楼层

题目中要求创建"面墙、幕墙系统、屋顶和楼板"，这些需要把体量载入建筑项目才能创建，所以本题用内建体量来创建。幕墙所占空间大，生成得比较慢，放在最后创建。

创建步骤如下。

操作 1：新建项目

打开软件，执行"项目"→"新建"命令，选择"建筑样板"，新建一个建筑项目。

操作 2：创建标高

打开"南立面"视图，单击"建筑"→"标高"，根据图纸，创建标高，如图 3-132 所示。

视频：体量楼层

图 3-132　创建标高

操作 3：打开内建体量

单击"体量和场地"选项卡"概念体量"面板中的"内建体量"按钮，命名为"体量楼层"，如图 3-133 所示。

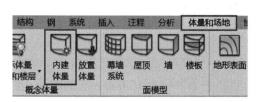

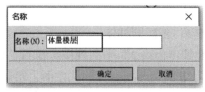

图 3-133　打开内建体量

操作 4：创建参照平面

在体量编辑界面中，需要借助参照平面绘制。切换到"标高 1"平面视图，执行"创建"→"参照平面"命令，绘制两个参照平面，如图 3-134 所示。

操作 5：创建立方体

在"标高 1"平面视图中，执行"修改"→"模型"→"矩形"，激活"修改 | 放置线"上下文选项卡，默认在面上绘制，以中心线交点为左上角端点，绘制一个 60 000 mm ×

253

40 000 mm 的矩形，然后执行"修改 | 放置 线"上下文选项卡下的"创建形状"→"实心形状"命令。切换到三维视图，选择形状的上表面，修改临时尺寸标注数值为 24 000，如图 3-135 所示。

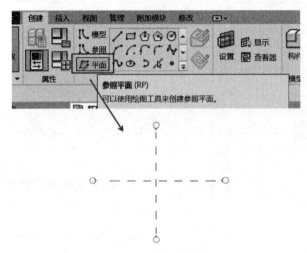

图 3-134　创建参照平面

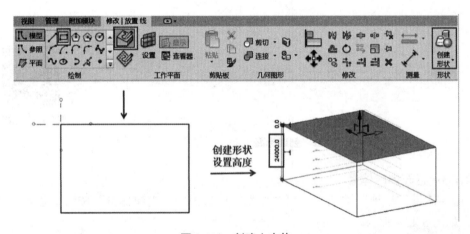

图 3-135　创建立方体

操作 6：创建圆柱体

切换到"标高 1"平面视图，执行"修改"→"模型"→"圆形"命令，激活"修改 | 放置 线"上下文选项卡，默认在面上绘制，绘制一个半径为 15 000 mm 的圆形，然后执行"修改 | 放置 线"→"创建形状"→"实心形状"命令，创建一个圆柱体。切换到三维视图，选择圆柱体的上表面，修改临时尺寸标注数值为 30 000，如图 3-136 所示。

操作 7：连接形状，完成体量

在三维视图中，单击"修改"选项卡下的"连接"，分别单击立方体和圆柱体进行连接。单击"完成体量"，回到建筑项目的编辑界面，如图 3-137 所示。

操作 8：创建面墙

面墙的位置位于北立面和东立面。在三维视图中旋转模型到合适位置，以方便选择其北立面和东立面。把视觉样式改为"真实"模式。执行"建筑"→"墙"→"面墙"命令，

"定位线"选择"核心层中心线"，默认的墙体厚度就是 200 mm，不用进行修改。单击北立面和东立面完成面墙的创建，如图 3-138 所示。

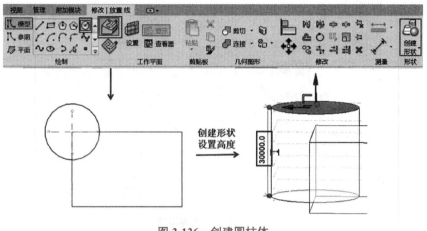

图 3-136 创建圆柱体

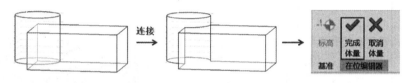

图 3-137 连接形状，完成体量

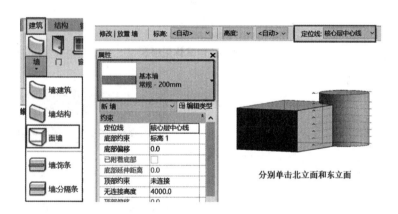

图 3-138 创建面墙

操作 9：创建面屋顶

执行"建筑"→"屋顶"→"面屋顶"命令，默认的屋顶厚度就是 400 mm，不用进行修改。同时选择两个屋顶面，执行"修改 | 放置面屋顶"上下文选项卡下的"创建屋顶"命令，完成创建，如图 3-139 所示。

操作 10：创建面楼板

要创建楼板，必须先创建体量楼层。单击体量模型，单击"修改 | 体量"上下文选项卡"体量楼层"按钮，在弹出的对话框中选择标高 1 到标高 6，创建体量楼层，如图 3-140 所示。

执行"建筑"→"楼板"→"面楼板"命令，默认的楼板厚度就是 150 mm，不用进行修改。同时选择 6 个体量楼层，单击"修改 | 放置面楼板"选项卡"创建楼板"按钮，完成

创建，如图 3-141 所示。

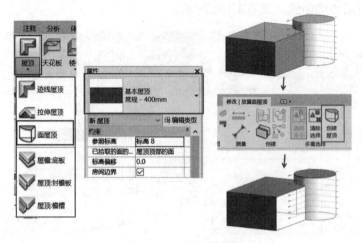

图 3-139　创建面屋顶

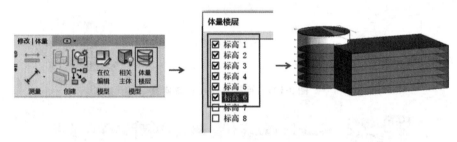

图 3-140　创建体量楼层

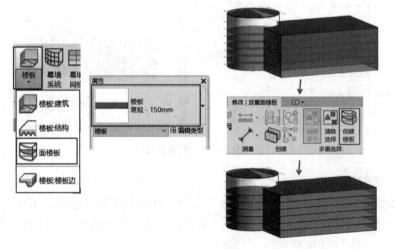

图 3-141　创建面楼板

操作 11：创建幕墙系统

单击"建筑"选项卡下的"幕墙系统"按钮，在"属性"面板单击"编辑类型"按钮，在弹出的"类型属性"对话框中单击"复制"按钮，新建一个 600 mm × 1 000 mm 的类型，按照题目要求设置好"类型属性"，如图 3-142 所示。

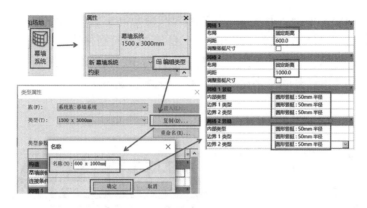

图 3-142　新建幕墙系统类型

在模型中同时选择需要创建幕墙的面，注意圆柱体是由两个面组成的，都要单击选择。然后单击"修改 | 放置面幕墙系统"上下文选项卡下的"创建系统"，等待片刻直到生成幕墙，如图 3-143 所示。

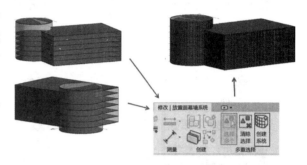

图 3-143　创建幕墙系统

2.7　课后练习：体量幕墙

本练习题是 2020 年中国国学学罕第二期"1+X"建筑信息模型（BIM）职业技能等级考试初级实操试题的第二题。

按照要求创建图（图 3-144、图 3-145）体量模型，参数详见体量图，半圆圆心对齐，并

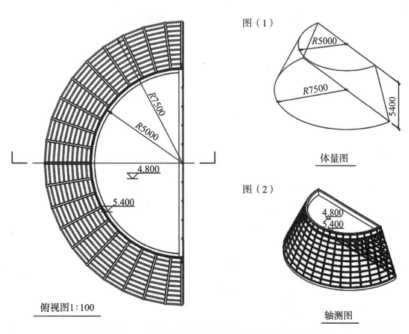

图 3-144　体量模型俯视图、体量图和轴测图

将上述体量模型创建幕墙图 3-144，幕墙系统为网格布局 1 000 mm × 600 mm（横向竖梃间距为 1 000 mm，竖向竖梃间距为 600 mm）；幕墙的竖向网格中心对齐，横向网格起点对齐，网格上均设置竖梃，竖梃均为圆形竖梃，半径为 50 mm。创建屋面女儿墙及各层楼板。请将模型以文件名"体量幕墙＋考生姓名"保存至本题文件夹中。

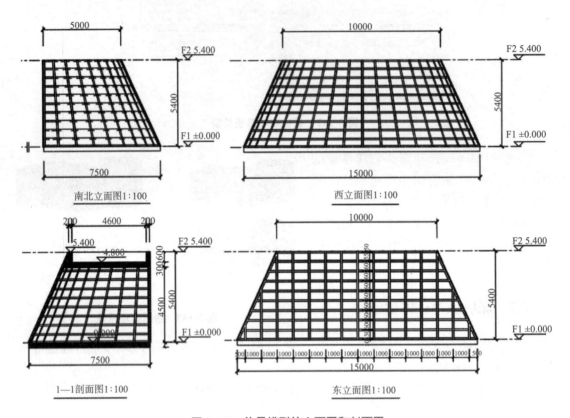

图 3-145　体量模型的立面图和剖面图

2.8　岗位任务

根据岗位任务的图纸，使用体量模型创建两段屋顶的栏杆（含三处柱子）。

◎小结与自我评价

岗位任务 - 商铺图纸